中国石油天然气集团公司统编培训教材

工程技术业务分册

带压作业工艺

《带压作业工艺》编委会 编

石油工业出版社

内 容 提 要

本书主要内容包括带压作业概况、工程参数计算及设计、油管内压力控制工具及工艺、环空压力控制工艺、施工工艺、井口特种处理技术、带压作业安全风险分析、带压作业应及响应计划及带压作业典型案例。本书侧重于带压作业基本理论与工艺技术，强调现场实践环节，具有很强的实用性。

本书可作为带压作业管理人员、技术人员、操作人员等的培训教材，其他相关人员也可阅读使用。

图书在版编目（CIP）数据

带压作业工艺/《带压作业工艺》编委会编. —北京：石油工业出版社，2018.1
中国石油天然气集团公司统编培训教材
ISBN 978−7−5183−2405−7

Ⅰ.①带… Ⅱ.①带… Ⅲ.①堵漏-技术培训-教材 Ⅳ.①TB42

中国版本图书馆 CIP 数据核字（2018）第 001875 号

出版发行：石油工业出版社
　　　　　（北京安定门外安华里2区1号　100011）
　　网　　址：www.petropub.com
　　编辑部：（010）64252978
　　图书营销中心：（010）64523633
经　销：全国新华书店
印　刷：北京晨旭印刷厂

2018 年 1 月第 1 版　2021 年 6 月第 2 次印刷
710×1000 毫米　　开本：1/16　　印张：14.5
字数：270 千字

定价：50.00 元
（如出现印装质量问题，我社图书营销中心负责调换）
版权所有，翻印必究

《中国石油天然气集团公司统编培训教材》
编审委员会

主任委员：刘志华

副主任委员：张卫国　黄　革

委　　员：范　宁　张品先　翁兴波　王　跃

　　　　　马晓峰　闫宝东　杨大新　吴苏江

　　　　　张建军　刘顺春　梅长江　于开敏

　　　　　张书文　雷　平　郑新权　邢颖春

　　　　　张　宏　梁　鹏　王立昕　李国顺

　　　　　杨时榜　张　镇

《工程技术业务分册》
编审委员会

主 任 委 员：秦永和

副主任委员：茅启平　李国顺

委　　　员：孙玉玺　王悦军　安　涛　刘应忠

　　　　　　张卫军　胡守林　何昀宾　王　鹏

　　　　　　刘欣欣　邹　辉　李　季　贾平军

　　　　　　刘梅全

《带压作业工艺》
编 委 会

主　　编：胡守林

副 主 编：张　平　　黄生松

编写人员：赵捍军　　何昀宾　　晏　凌　　罗　园
　　　　　胡光辉　　徐迎新　　谢　涛　　付建华
　　　　　王　全　　徐茂荣　　徐煜东　　郑　波
　　　　　姜初隽　　刘　伟　　王大彪　　柳秀涛
　　　　　董　军　　侯存亿　　冯建明　　韩长亮
　　　　　谢意湘　　王留洋　　卿　玉　　刘俊男
　　　　　李　亮　　何　勇　　王晓萍

审定人员：刘树成　　强会彬　　史永庆　　张　宁
　　　　　田友仁

序

　　企业发展靠人才，人才发展靠培训。当前，集团公司正处在加快转变增长方式，调整产业结构，全面建设综合性国际能源公司的关键时期。做好"发展""转变""和谐"三件大事，更深更广参与全球竞争，实现全面协调可持续，特别是海外油气作业产量"半壁江山"的目标，人才是根本。培训工作作为影响集团公司人才发展水平和实力的重要因素，肩负着艰巨而繁重的战略任务和历史使命，面临着前所未有的发展机遇。健全和完善员工培训教材体系，是加强培训基础建设，推进培训战略性和国际化转型升级的重要举措，是提升公司人力资源开发整体能力的一项重要基础工作。

　　集团公司始终高度重视培训教材开发等人力资源开发基础建设工作，明确提出要"由专家制定大纲、按大纲选编教材、按教材开展培训"的目标和要求。2009年以来，由人事部牵头，各部门和专业分公司参与，在分析优化公司现有部分专业培训教材、职业资格培训教材和培训课件的基础上，经反复研究论证，形成了比较系统、科学的教材编审目录、方案和编写计划，全面启动了《中国石油天然气集团公司统编培训教材》（以下简称"统编培训教材"）的开发和编审工作。"统编培训教材"以国内外知名专家学者、集团公司两级专家、现场管理技术骨干等力量为主体，充分发挥地区公司、研究院所、培训机构的作用，瞄准世界前沿及集团公司技术发展的最新进展，突出现场应用和实际操作，精心组织编写，由集团公司"统编培训教材"编审委员会审定，集团公司统一出版和发行。

　　根据集团公司员工队伍专业构成及业务布局，"统编培训教材"按"综合管理类、专业技术类、操作技能类、国际业务类"四类组织编写。综合管理类侧重中高级综合管理岗位员工的培训，具有石油石化管理特色的教材，以自编方式为主，行业适用或社会通用教材，可从社会选购，作为指定培训教材；专业技术类侧重中高级专业技术岗位员工的培训，是教材编审的主体，按照《专业培训教材开发目录及编审规划》逐套编审，循序推进，计划编审300余门；操作技能类以国家制定的操作工种技能鉴定培训教材为基础，侧重主体专业（主要工种）骨干岗位的培训；国际业务类侧重海外项目中外员工的培训。

"统编培训教材"具有以下特点：

一是前瞻性。教材充分吸收各业务领域当前及今后一个时期世界前沿理论、先进技术和领先标准，以及集团公司技术发展的最新进展，并将其转化为员工培训的知识和技能要求，具有较强的前瞻性。

二是系统性。教材由"统编培训教材"编审委员会统一编制开发规划，统一确定专业目录，统一组织编写与审定，避免内容交叉重叠，具有较强的系统性、规范性和科学性。

三是实用性。教材内容侧重现场应用和实际操作，既有应用理论，又有实际案例和操作规程要求，具有较高的实用价值。

四是权威性。由集团公司总部组织各个领域的技术和管理权威，集中编写教材，体现了教材的权威性。

五是专业性。不仅教材的组织按照业务领域，根据专业目录进行开发，且教材的内容更加注重专业特色，强调各业务领域自身发展的特色技术、特色经验和做法，也是对公司各业务领域知识和经验的一次集中梳理，符合知识管理的要求和方向。

经过多方共同努力，集团公司"统编培训教材"已按计划陆续编审出版，与各企事业单位和广大员工见面了，将成为集团公司统一组织开发和编审的中高级管理、技术、技能骨干人员培训的基本教材。"统编培训教材"的出版发行，对于完善建立起与综合性国际能源公司形象和任务相适应的系列培训教材，推进集团公司培训的标准化、国际化建设，具有划时代意义。希望各企事业单位和广大石油员工用好、用活本套教材，为持续推进人才培训工程，激发员工创新活力和创造智慧，加快建设综合性国际能源公司发挥更大作用。

《中国石油天然气集团公司统编培训教材》
编审委员会

前 言

带压作业具有不压井、不放喷、不泄压，可避免油气层污染、保持地层能量、缩短作业周期、零污染等优点，有利于节能减排、稳定单井产量，广泛应用于油气水井的完井、修井、压裂酸化、隐患治理等，是中国石油天然气集团公司近年来大力推广的一项新技术。为提高带压作业人员综合素质，培养高素质石油工程技术作业队伍，推进带压作业培训的规范化、科学化，促进带压作业安全、健康、可持续发展，特编写本书。

本书侧重于阐述成熟的带压作业基本理论及工艺技术，强调现场实践环节，注重教材的实用性。为了增强先进性，并考虑与国际接轨，教材内容参照了最新颁布的行业标准、集团公司的有关规定，以及国外带压作业的有关推荐做法。同时，为使本书内容涵盖更广，操作性更强，邀请了各钻探企业、油气田企业具有多年带压作业经验的技术专家、操作手进行审阅，并根据专家意见进行了修改和补充。另外，本书还增加了工作安全分析和应急响应计划方面的有关内容。本书为富媒体教材，包含12个视频，读者可扫描二维码观看。

本书可作为集团公司带压作业培训的专用教材，同时也可作为各级管理人员、带压作业设计人员、现场技术人员、安全监督人员、带压作业操作人员学习参考用书。

该教材主要由中国石油工程技术分公司牵头组织，川庆钻探工程有限公司具体负责，中国石油长城钻探工程有限公司、吉林油田分公司参与编写。全书由胡守林、张平、黄生松、赵捍军统稿。第一章由谢涛、胡守林编写；第二章由张平、何昀宾、胡光辉、王留洋编写；第三章由姜初隽、张平、黄生松、侯存亿、刘伟、王大彪、董军编写；第四章由张平、罗园、卿玉、刘俊男、李亮编写；第五章由张平、徐迎新、姜初隽、韩长亮、柳秀涛、王大彪编写；第六章由韩长亮、谢意湘、冯建明编写；第七章由晏凌、张平、徐茂荣、郑波、徐煜东编写；第八章、第九章由付建华、王全、王晓萍编写。

本书编写过程中得到了四川培训中心、托普威尔公司、华北荣盛公司等单位的大力支持，吉林油田工程技术服务公司提供了大量视频资料，在此一并表示衷心的感谢。

由于编者水平有限，作业经验不够丰富，同时没有可参考的相关书籍，书中难免有诸多缺点和不足之处，恳请读者批评指正，以便再版时修改完善。

编　者

说 明

本教材可以作为带压作业各级管理人员、设计人员、安全监督人员、现场技术人员、操作人员的专用培训教材，培训时可根据不同培训对象有针对性地进行培训。

培训对象主要划分为以下几类：

（1）生产管理人员，包括从事带压作业技术管理人员、安全管理人员、工程技术监督、安全监督人员等。

（2）专业技术人员，包括带压作业设计人员，审核、审批人员；带压作业队队长、副队长、工程技术人员等技术管理人员。

（3）操作人员，包括主操作手、辅操作手、场地工、动力操作手等。

（4）相关人员，包括地面测试施工人员、配合带压作业队施工的其他人员。

各类人员应该掌握或了解的主要内容如下：

（1）生产管理人员，要求掌握第一章、第二章、第三章、第四章、第六章、第七章、第八章的内容，了解其他章节，通过相关内容的学习，了解带压作业主要工艺、地面设备和井下工具配置基本要求，掌握带压作业工作安全分析方法和应急响应计划。

（2）专业技术人员，要求掌握全书内容，通过学习能熟练掌握带压作业工艺原理、工作安全分析和应急响应措施，合理制定带压作业方案。

（3）操作人员，应掌握第二章、第四章、第五章、第七章、第八章内容，了解其他章节内容，通过培训熟练掌握带压作业具体操作方式、工作安全分析和应急响应措施。

（4）相关人员，要求掌握第三章、第五章、第六章内容，了解其他章节内容，通过培训掌握带压作业工作方式、配合作业工作安全分析和应急响应措施。

由于各单位带压作业对象差异较大，所使用设备差异也很大，操作细节不同，培训中还应结合各油田生产实际，有针对性地补充、丰富、完善有关内容。

目 录

第一章 概 述 … 1
- 第一节 带压作业发展历程与优势 … 1
- 第二节 国内外带压作业应用情况 … 3

第二章 工程参数计算及设计 … 6
- 第一节 基础资料 … 6
- 第二节 工程参数计算 … 7
- 第三节 "三项"设计 … 25
- 本章知识要点 … 26
- 思 考 题 … 26

第三章 油管内压力控制工具及工艺 … 27
- 第一节 油管内压力控制屏障设置 … 27
- 第二节 油管内压力控制工具 … 32
- 第三节 油管内压力控制工艺 … 58
- 本章知识要点 … 66
- 思 考 题 … 66

第四章 环空压力控制工艺 … 67
- 第一节 防喷器配置原则 … 67
- 第二节 环空压力控制方式 … 76
- 第三节 带压作业地面流程 … 80
- 本章知识要点 … 83
- 思 考 题 … 83

第五章 施工工艺 … 84
- 第一节 设备安装与调试 … 84
- 第二节 起下管柱作业 … 86
- 第三节 冲砂作业 … 97
- 第四节 打捞作业 … 105
- 第五节 旋转作业 … 110
- 第六节 配合压裂作业 … 116
- 第七节 含硫化氢井作业 … 122
- 第八节 暂停作业与恢复作业 … 125
- 本章知识要点 … 126

思　考　题 ··· 126
第六章　井口特种处理技术 ·· 127
　第一节　带压钻孔 ··· 127
　第二节　冷冻暂堵 ··· 132
　第三节　带压换阀 ··· 139
　本章知识要点 ·· 147
　　思　考　题 ··· 147
第七章　带压作业安全风险分析 ·· 148
　第一节　工艺安全分析 ··· 148
　第二节　工作安全分析 ··· 152
　第三节　常见工序工作安全分析 ·· 160
　本章知识要点 ·· 178
　　思　考　题 ··· 178
第八章　带压作业应急响应计划 ·· 179
　第一节　油管内压力控制工具失效 ··· 179
　第二节　环空密封失效 ··· 184
　第三节　卡瓦失效 ··· 186
　第四节　动力源失效 ·· 188
　第五节　管柱失稳 ··· 190
　第六节　硫化氢泄漏 ·· 192
第九章　带压作业典型案例 ·· 195
　案例一　高温高压井正循环冲砂作业 ··· 195
　案例二　国内高压气井带压冲砂、打捞、磨铣作业 ······················· 198
　案例三　高含硫化氢井带压作业实例 ··· 200
　案例四　带压取油管头内防磨套 ··· 204
　案例五　钻井口附近水泥塞，顶弯钻具 ······································ 206
　案例六　水合物引起的人身伤害事故 ··· 209
　案例七　油管内有压力恢复复杂情况 ··· 210
　案例八　液缸泄压阀失效导致油管断落 ······································ 211
　案例九　沟通不畅引起的人身伤害事故 ······································ 212
　案例十　沟通不畅导致气体释放着火 ··· 213
参考文献 ·· 215

第一章 概　　述

第一节　带压作业发展历程与优势

　　带压作业是指在油气水井井口带压状态下，利用专业设备和工具在井筒内进行的作业。带压作业范围通常包括修井、完井、射孔、压裂酸化、抢险及其他特殊作业等。国外通常将带压作业称为不压井作业（Snubbing Operation）或液压修井（Hydraulic Workover，HWO）。以下称不压井作业为带压作业，不压井作业机称为带压作业机。

　　带压作业的关键技术是控制油管内和油套环形空间的压力以及克服管柱的上顶力。通过堵塞器等工具控制油管内压力；通过防喷器组控制油管与套管环空的压力；通过液缸及卡瓦组对管柱施加外力，克服井内流体对管柱的上顶力，实现管柱带压起下。

一、带压作业的发展历程

　　1929 年 Herbert C Otis 提出了"不压井作业"这一思想，并利用一静一动双反向卡瓦组支撑油管，通过钢丝绳和绞车控制油管升降。1960 年 Cicero C Brown 发明了液压作业设备用于控制油管的起下，由此带压作业机成为可以独立于钻机或修井机的一套完整系统。从 20 世纪 70 年代开始液压带压修井设备有了很大的发展。1981 年 Snubco 创始人 Al Vallet 和 Brian Chappell 发明了第一台集成车载式液压带压作业机，此项创新使带压作业机具有高机动性。20 世纪 90 年代后出现了模块化的橇装设备，以适应海上作业。2005 年，Snubco 发明了第一台带有智能安全操作系统的带压作业机。

　　早期的不压井作业装置一般采用自封头密封管柱和套管之间的环空，其工作压力较低（不超过 21MPa），使用寿命有限。现在的带压作业装置一般多采用闸板防喷器或环形防喷器来保证管柱与套管环形空间的密封，其动作由过液压系统来控制。

国际上带压作业机向自动化、智能化、一体机方向发展，综合运用机、电、液一体化技术。如加拿大 Snubco 公司生产的 Snubbing smart 智能带压作业机系列，正在向高适应性、模块化方向发展，提高了安装效率和施工效率；向高性能、高可靠性、高安全性方向发展，应用高性能防喷器（20000psi 即约 140MPa）、高压环形防喷器胶芯，胶芯的使用寿命更长，可靠性更高；实现数据自动采集，综合应用自动控制系统；同时，向大吨位（提升力最大 270t）和迷你型（最小点质量只有 0.5t）两级方向发展，实现效益最大化。美国 CUDD 公司研制的海洋带压作业装置，采用双水龙头、双提升系统，交叉起管柱，大幅提高了作业效率，停顿间隔很短，甚至没有间隔。

国内开展带压作业机自主研发工作起步较晚。最先开展带压作业技术研究和试验的是吉林油田，1973 年提出设想，1976 年完成初步设计方案，1983 年重新设计后研制出我国第一台拖车式带压作业机。原四川石油管理局钻采工艺研究院从 20 世纪 70 年代到 80 年代分别研制了用于钻井抢险的 BY30-2 起下钻装置和用于修井的 BY15 型不压井起下钻装置。这两种装置从主体结构上基本一致，只是克服井内顶力分别为 30t 和 15t。2001 年辽河油田自主研发了一套施工能力为 7MPa 的注水井带压作业装置，于当年在吉林油田现场投入试验，取得成功。华北石油荣盛石油机械制造有限公司从 2001 年起开始生产带压作业设备，目前已生产几十套，分别在大庆、吉林、新疆、辽河、中原、华北等油田上应用。

2003 年西南油气田从加拿大进口了一台 150K（S-9）型带压作业机，2007 年以后川庆钻探、新疆油田、大庆油田陆续从加拿大、美国引进 70K、150K、170K、225K、340K 系列带压作业机 10 余套。

中国石油天然气集团公司 2010 年提出了大力推广应用带压作业技术，极大地带动了带压作业装备和技术的进步，形成了独立式和辅助式系列带压作业机系列，环空静密封控制压力由 14MPa 提升到 70MPa；形成了油气水井的带压小修、带压大修、带压完井、带压配合压裂酸化和射孔作业等带压作业技术；建立了带压作业计算机仿真操作培训系统，组建形成了 120 余支带压作业专业化队伍，带压作业能力进一步提升。

二、带压作业的优势

带压作业具有常规作业不可替代的技术优势：

第一章 概述

（1）最大限度保持产层原始状态，减少了油气层伤害。

带压作业的最大优点在于它不需要压井，没有压井液污染地层情况，可以保护和维持地层的原始产能，避免压井液对储层的影响，为油气田的长期开发和稳定生产提供良好的基础，提高综合经济效益。

（2）节约作业周期，节省作业成本。

无论是机采井、自喷井还是注水井、注气井，关井后井口基本上都有压力，从几兆帕到几十兆帕。相比常规压井作业，带压作业可节约压井液及其运输、处理费等，同时还可缩短作业周期。

（3）保持注水区块地层压力。

注水井修井，带压作业不需要停注放压、压井等，可直接完成修井作业，既可大大缩短施工周期，又可保持地层压力，进而保持采油井单井产量。而常规修井通常采用放压作业，放压时间长，影响周边采油井甚至整个区块压力平衡，放完后还存在处理污水、解决污染等问题。

（4）环境友好，有利于绿色发展。

带压作业避免了压井液、地层水、返排液等对地面的污染，符合HSE的要求，具有良好的环保效益。

（5）隐患治理。

带压作业是油气水井隐患治理的重要手段，长期以来，部分老井、报废井在封闭过程中往往造成桥塞、水泥塞下部圈闭压力无法释放，通过常规作业手段无法解决井控安全问题，而带压作业可以很好地避免这些井控安全问题。

（6）带压作业完井。

页岩气、页岩油、致密油气、煤层气等非常规气大规模体积压裂后、气井分支井完井、欠平衡完井、储气库完井等工艺多采用带压作业下入完井管柱。

第二节 国内外带压作业应用情况

一、国外带压作业应用情况

带压作业技术在国外经历了80多年的发展和改进，目前已广泛应用于陆地油气井和海上平台，装备功能齐全、作业能力强、作业范围广，北美地区

带压作业原理与优势

90%以上的气井采用带压作业，该技术已成为提高油气田采收率和保护油气藏的重要生产手段之一。

目前全球带压作业机总共约800余套，主要分布在北美（约400套）和中国（约200套），欧洲、南美、非洲、东南亚等其他地区有少量带压作业机在应用。带压作业机制造商包括国民油井（Hydra Rig）、Pro-Fab、CRW等设备制造商和CUDD、Halliburton（boots&coots）、Snubco、ISS等技术服务商兼设备制造商，它们在全球占有量最大。加拿大95%以上、美国近80%应用的是辅助式带压作业设备。

带压作业工艺主要以美国、加拿大应用最为广泛和最为成熟，北美地区气井普遍采用带压作业技术，最高施工压力为15500psi（106.8MPa），最高硫化氢施工含量为45%，最高作业深度达8189m。其应用范围包括带压下套管、尾管、单油管或双油管等完井作业，带压辅助分层压裂、酸化连续施工作业，带压下入、回收封隔器、桥塞及其他井下工具，带压冲砂、打捞、磨铣、清蜡等修井作业，带压欠平衡钻井、侧钻、射孔以及应急抢险等（图1-1）。

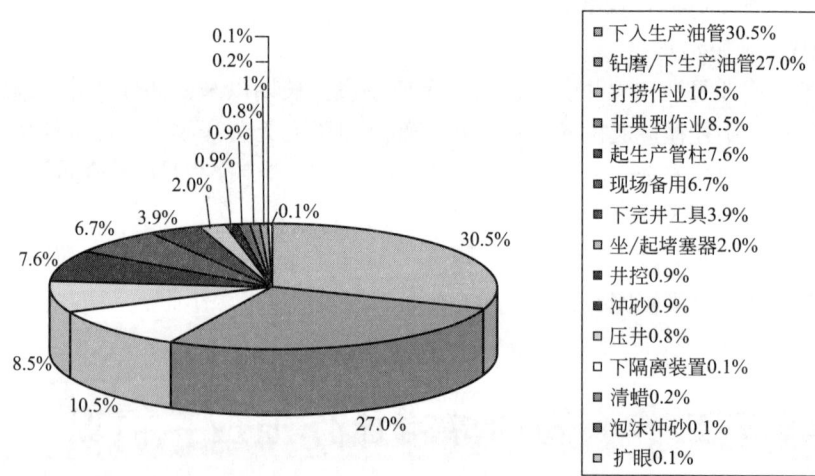

图1-1 美国某公司带压作业应用范围统计

二、国内带压作业应用情况

近年来国内加大了对带压作业技术、装备等方面研究支持的力度。中国石化集团江汉石油管理局第四机械厂、河北华北石油荣盛机械制造有限公司、

第一章 概述

任丘市铁虎石油机械有限公司等企业已形成了自由研发和生产带压作业专业设备能力（表1-1）。

表1-1 国内带压作业装备参数

生产厂家	主要参数					
	工作压力 MPa	行程 m	最大提升力 kN	最大下压力 kN	通径 mm	液压系统最大压力，MPa
江汉石油管理局第四机械厂	35	3.5	1568	539	180	21
华北石油荣盛机械制造有限公司	35	3.5	600	400	186	21
任丘铁虎石油机械有限公司	35	3.3	603	353	186	21
盐城市大冈石油工具厂有限责任公司	35	3.5	667	420	186	21
托普威尔石油技术股份公司	35	3.5	1764	821	279	21

2011—2016年中国石油天然气集团公司已累计实施带压作业井23000多口（表1-2），在稳定单井产量、节能减排、减轻环境污染等方面取得了非常好的效果。国内带压作业主要是以油水井为主，气井带压作业技术只有少数单位具有一定的施工经验和能力（气井带压作业占带压作业总数的4%）。最高井口施工压力为塔里木油田乌参1井，井口施工压力达86MPa。

表1-2 中国石油天然气集团公司2011—2016年带压作业工作量统计

年份	合计，口	油井，口	气井，口	水井，口	动用队伍，支
2011年	2246	509	30	1707	102
2012年	3096	676	53	2367	130
2013年	4034	1095	95	2844	157
2014年	4269	1377	116	2775	166
2015年	4467	1387	180	2900	190
2016年	5278	1467	215	3596	179

随着勘探开发的不断深入，单井产量的下降，老井综合治理工作量的增多，页岩气、致密油气等非常规气开发以及环保要求力度的加大，对带压作业技术需求将越来越大，带压作业技术具有更广泛的发展前景。

带压作业概况

第二章 工程参数计算及设计

带压作业是通过控制作业管柱的起下、旋转来实现完井、修井的目的，管柱受力较为复杂，这些力必须用卡瓦来加以控制，防止管柱的飞出或落井。最大下压力、最大举升力、无支撑长度、中和点深度及重管柱和轻管柱转换点等工程参数计算是带压作业工程设计、施工设计的重要内容。本章重点介绍带压作业工程参数计算。

第一节 基础资料

带压作业之前，需要对作业井的基础数据和资料进行调研收集，列出采用带压作业应参考的所有信息，同时对作业中存在的风险进行分析。在编制带压作业施工方案前，主要收集以下基础数据：

(1) 作业目的，拟施工井的生产情况、存在的问题及施工目的。

(2) 井场周围人居情况调查，包括一定范围内的居民住宅、学校、工厂、矿山、国防设施、高压电线、地质评价、水资源情况以及风向变化等环境勘察评价的文字和图件资料，并标注说明。

(3) 流体性质及组分，本井或邻井气油比、流体性质资料，流体组分（特别是 H_2S 和 CO_2 浓度）、产出水含盐量、水合物的形成、凝析油以及其他水垢、蜡、沥青含量等。

(4) 地层情况，目前地层压力、原始地层压力、地层温度、地温梯度、塑性地层、易垮塌层等特殊地层应提示。

(5) 邻井生产情况，地层互相连通情况，注水、注汽（气）情况资料。

(6) 井身结构，井内各层套管钢级、壁厚、尺寸、下入井深，水泥返高，固井情况，试压情况。

(7) 井口压力及油套环空压力，油管头、套管头、采油（气）树的型号、压力等级及完好程度，采油（气）树主通径和连接方式，油管悬挂方式、悬挂器规格及扣型。

第二章　工程参数计算及设计

（8）原井及完井管串结构，管柱钢级、壁厚、下入深度、内径、外径、扣型，各种工具型号、结构、内径、外径、扣型、长度、下入深度等。

第二节　工程参数计算

地层压力、井底压力和井口压力是带压作业设计和施工的基本数据。在带压作业过程中，这些力又转化到作业管柱的受力上来，直接关系到管柱的最大下压力、中和点长度、无支撑长度的计算，在操作过程中也会影响到轻管柱、重管柱的工作状态，因此带压作业设计、施工作业都应了解管柱的受力分析与计算。

一、压力

在带压作业过程中，要实现管柱、工具的起下，必须解决管柱内防喷、管柱外密封以及管柱的喷出或落井三个方面的问题，其实质是克服井筒的压力及压力引起的作用力。解决方式主要是通过采用各种形式的堵塞器使管柱内压力得到控制，通过环形防喷器和/或闸板防喷器实现管柱外密封，同时通过卡瓦的合理使用来防止管柱的喷出或落井。

带压作业的压力控制是在作业井口安装防喷设备和管柱内压力控制工具，通过关闭防喷设备，控制井内流体在作业施工中喷出，因此，学习带压作业技术必须了解各种压力的概念。

1. 压力的定义

压力是指物体单位面积上所受的垂直力，通常所涉及的压力就是物理学所研究的压强，用符号 p 表示，计算公式如下：

$$p = \frac{F}{S} \tag{2-1}$$

式中　p——压强，Pa；
　　　F——物体所受到的正压力，N；
　　　S——物体受力面积，m^2。

2. 静液柱压力

静液柱压力是由静止液体重力产生的压力。静液柱压力取决于液柱流体的密度和垂直高度，与井径尺寸无关，用符号 p_h 表示，计算公式如下：

$$p_h = \rho g H \tag{2-2}$$

式中 p_h——静液柱压力，kPa；

g——重力加速度，m/s²；

ρ——液体密度，g/cm³；

H——液柱高度，m。

3. 地层压力

地层压力是地下岩石孔隙内流体的压力，也称孔隙压力，用 p_p 表示。在各种地质沉积中，正常地层压力等于从地表到地下某处的连续地层水的静液柱压力。其值的大小与沉积环境有关，主要取决于孔隙内流体的密度和环境温度。

4. 其他压力概念

（1）井底压力是指地面和井内各种压力作用在井底的总压力。

（2）预计最高井口关井压力（MASP）是指预计井口可能遇到的最大关井压力，它是用地层压力减去井筒充满地层流体后计算得到的井口压力。如果地层流体信息未知，按最恶劣条件考虑，即用地层压力减去井筒充满天然气后得到的井口压力。

（3）预计最高施工压力（MAOP）是设备组件在完成规定作业或者应急作业期间将承受的最大计算压力。

二、带压作业工程力学分析

1. 主要概念

1）下压力

在带压下入管柱时，带压作业机移动防顶卡瓦施加给管柱的垂直向下的力称为下压力。

2）最大无支撑长度

在带压下入管柱时，将管柱所受轴向压力作为临界压力计算的最大不失稳管柱长度称为最大无支撑长度，它与下压力和管柱强度有关。

3）截面力

井内压力作用在管柱密封横截面积上的向上推力称为截面力。

第二章　工程参数计算及设计

4）中和点

管柱在井筒内的自重等于截面力时的管柱长度称为中和点，又称平衡点。

5）轻管柱

管柱在井筒内的自重小于截面力的状态称为轻管柱。

6）重管柱

管柱在井筒内的自重大于截面力的状态称为重管柱。

2. 管柱受力分析

带压作业是在井口有压力的情况进行起下、钻磨、打捞等作业的。对生产井或井口有压力的井（Live well），起下较轻管柱时，若没有限制阻力，管柱就会从井内"飞出"，这种条件下起下管柱的过程称为强行起下钻作业（Snubbing），它对应的往往是轻管柱状态；当管柱的重量足够大，即使是生产井或井口有压力的井也不可能使管柱"飞出"井口，这种条件下起下管柱的过程称为带压起下钻作业（Stripping），它对应的往往是重管柱状态。在带压作业过程中一般都要经历轻管柱、中和点（平衡点）、重管柱三个状态，也就是强行起下钻作业、平衡点作业和带压起下钻作业三个状态，这是由管柱受到 5 个作用力大小所决定的。

带压作业时，作用在井下管柱上通常有 5 个作用力，如图 2-1 所示。

（1）由井内压力与大气压力之间的差值产生，井内压力作用在管柱与防喷器组密封面最大横截面积上的向上推力即截面力，也称为上顶力。

（2）管柱在井内流体中的重力，即管柱的浮重。

（3）管柱通过密封防喷器时所受的摩擦力，与管柱运动方向相反。

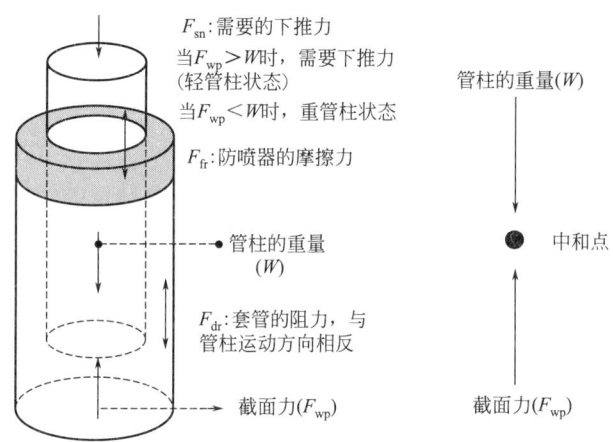

图 2-1　带压作业管柱受力分析

（4）带压作业机对管柱所施加的轴向力。

（5）在定向井、斜井和狗腿度大的井起下过程中套管对管柱产生的摩擦力，该摩擦力在工程计算中通常忽略不计。

三、工程参数具体计算步骤

1. 截面力

截面力指井内压力作用在管柱密封横截面积上的上顶力，用符号 F_{wp} 表示，计算公式如下：

$$F_{wp} = \frac{S p_{wh}}{1000} = \frac{\pi D^2 p_{wh}}{4000} \tag{2-3}$$

式中　F_{wp}——管柱的截面力（上顶力），kN；

　　　S——管柱横截面积，mm²；

　　　D——防喷器密封管柱的外径，mm；

　　　p_{wh}——井口压力，MPa。

常见管柱横截面积可通过表2-1查询。

表2-1　常见管柱横截面积计算

油管尺寸 in❶	外径		横截面积	
	in	mm	in²	mm²
3/4	1.05	26.67	0.8659	559
1	1.315	33.401	1.3581	876
1¼	1.66	42.164	2.1642	1396
1½	1.9	48.26	2.8353	1829
2 1/16	2.0625	52.3875	3.341	2156
2⅜	2.375	60.325	4.4301	2858
2⅞	2.875	73.025	6.4918	4189
3½	3.5	88.9	9.6212	6208
4½	4.5	114.3	15.9044	10262
5	5	127	19.635	12669
5½	5.5	139.7	23.7584	15329

❶　1in＝2.54cm。

第二章　工程参数计算及设计

计算实例：1¼in 的 CS-Hydril N80 管柱，线重 4.494kg/m，油管外径为 42.16mm（1.66in），接头外径为 48.95mm（1.927in），井口压力为 8.4MPa，如图 2-2 所示，那么管体和接头处的截面力是多少？

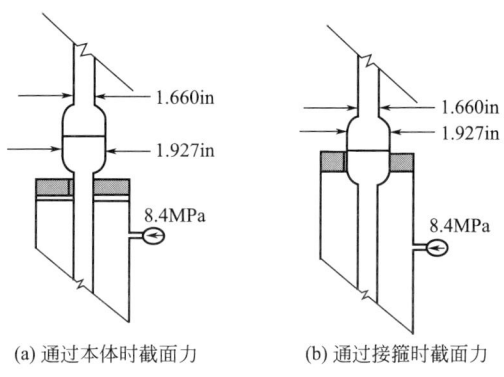

(a) 通过本体时截面力　　(b) 通过接箍时截面力

图 2-2　密封本体与接箍时截面力示意图

解：（1）管体的截面力为：

$$F_{wp} = \frac{\pi D^2 p_{wh}}{4000} = 3.14 \times 42.16^2 \times 8.4/4000 = 11.72(kN)$$

（2）接头的截面力为：

$$F_{wp} = \frac{\pi D^2 p_{wh}}{4000} = 3.14 \times 48.95^2 \times 8.4/4000 = 15.8(kN)$$

通过上述的计算实例可知，接头处截面力大于本体处截面力。因此，对于截面力的计算，如果进行的是闸板对闸板的作业，计算是使用管柱本体的外径；如果用自封芯子或环形防喷器进行带压作业，则使用管柱接箍或工具接头的外径。

2. 摩擦力

摩擦力用符号 F_{fr} 表示，摩擦力的计算非常复杂，它包括管柱通过密封防喷器时所受的摩擦力、管柱与套管的摩擦力，它的大小与井眼轨迹、管柱尺寸、管柱新度系数、防喷器类型、井口压力、防喷器工作压力有关。摩擦力现场可以实测得到，为简化计算，通常取管柱截面力的 20%：

$$F_{fr} = 0.2 F_{wp} \tag{2-4}$$

3. 最大下压力

带压作业在轻管柱状态时，管柱受到的截面力大于其自重，需要利用带压作业机液缸向管柱施加下压力,将管柱压入井筒内。此时,管柱向下运动受到的力主要有液缸的下压力、截面力、浮重以及防喷器对管柱的摩擦力,下压力计算公式如下:

$$F_{sn} = F_{wp} + F_{fr} - W \quad (2-5)$$

式中 F_{sn}——液压缸的下压力,kN;

F_{wp}——管柱的截面力,kN;

W——井筒内管柱浮重,kN;

F_{fr}——防喷器对管柱产生的摩擦力,kN。

在管柱刚下入至井口防喷器时,管柱在井筒内没有重量,浮重为零,带压作业需施加的下压力最大,即最大下压力为:

$$F_{snmax} = F_{wp} + F_{fr} \quad (2-6)$$

按式(2-4)对摩擦力的计算,因此最大下压力为:

$$F_{snmax} = 1.2F_{wp} \quad (2-7)$$

4. 最大举升力

最大举升力计算是对管柱预计最大上提拉力的计算,是管柱强度计算的重要内容,也是设置上提液缸压力的重要参数。起管柱时,举升力应该是管柱在井筒流体下的浮重、管柱受到的截面力以及管柱在井筒受到的摩擦力之和。对天然气井来说,管柱受到的浮力可以忽略不计。

通常设置上提液缸压力时,一般按管柱在流体介质中的重量折算到液缸的压力,但是由于井下的种种原因,可能导致管柱不能按预计的举升力提起管柱,如井口悬挂器黏卡、顶丝未退完、井下封隔器卡、套管变形卡、砂卡等。常规压井修井作业时,管柱解卡措施就是在管柱抗拉强度范围内直接活动管柱解卡,而带压作业遇到管柱遇时,必须保证管柱的抗拉强度、抗外挤强度都在安全范围内。

当管柱处于自由状态时,最大举升力就是管柱在流体中的重量,这个计算较为简单。最大举升力计算时需要结合以下几种参数计算。

1) 管体屈服强度

管体屈服强度是使管柱屈服所需的轴向载荷,也就是现场常说的抗拉强度,用符号 P_y 表示,对于某个特定钢级的管柱,其屈服强度为管柱横截面积与材料规定屈服强度的乘积,即:

$$P_y = 0.7854(D^2 - d^2)Y_p \quad (2-8)$$

式中 P_y——管体屈服强度,N;

Y_p——管柱材料最小屈服强度,MPa;

第二章 工程参数计算及设计

D——管柱外径,mm;

d——管柱内径,mm。

式(2-8)是现场经常使用的管柱本体抗拉强度计算公式。对于管柱接头,根据接头形式不同,其连接强度差别较大。参考加拿大 IRP 15《带压作业推荐做法》,对于外加厚油管(EUE)接头,其屈服强度可以取100%管体强度;对于平式油管(NUE)接头,其屈服强度取60%管体强度;对于整体接头(IJ),其屈服强度取80%管体强度。

2)屈服挤毁强度

屈服挤毁强度并不是真正的挤毁压力,它实际上是使管柱内壁产生最小屈服应力 Y_p 而施加的外压力,也就是现场常说的抗外挤强度。对于无轴向拉伸应力的管柱,用符号 P_{yp} 表示,其抗外挤强度计算公式如下:

$$p_{yp} = 2Y_p \left[\frac{\left(\frac{D}{t}\right)-1}{\left(\frac{D}{t}\right)^2} \right] \tag{2-9}$$

式中 p_{yp}——管柱挤毁强度,MPa;

Y_p——管柱屈服应力,MPa;

D——管柱外径,mm;

t——管柱壁厚,mm。

对于存在轴向拉伸应力作用的管柱,用符号 p_{pa} 表示,管柱的挤毁强度计算公式如下:

$$p_{pa} = \left[\sqrt{1-0.75\left(\frac{S_a}{Y_p}\right)^2} - 0.5\frac{S_a}{Y_p} \right] p_{yp} \tag{2-10}$$

式中 p_{pa}——在轴向应力下的管柱挤毁强度,MPa;

S_a——管柱轴向应力,MPa。

带压作业管柱遇卡后,活动解卡过程中,管柱不仅受到轴向的拉应力,还受到环空压力的挤压,因此管柱的抗外挤强度会降低,这也是不同于常规压井后解卡作业的一点。

3)管柱内屈服强度

管柱内屈服强度也就是现场常说的抗内压强度,用符号 p_{in} 表示,即:

$$p_{in} = 0.875\left(\frac{2Y_p t}{D}\right) \tag{2-11}$$

式中 p_{in}——管柱最小内屈服强度,MPa。

根据以上公式的计算结果，可绘制出不同规格和材质管柱的许用抗拉载荷与挤毁强度关系曲线。参考加拿大 IRP 15《带压作业推荐做法》，推荐抗内压安全系数为 1.20，抗拉安全系数为 1.25，抗外挤安全系数为 1.10。图 2-3 为 73mmJ-55 油管和 N-80 油管的许用拉力与压力的函数关系图。

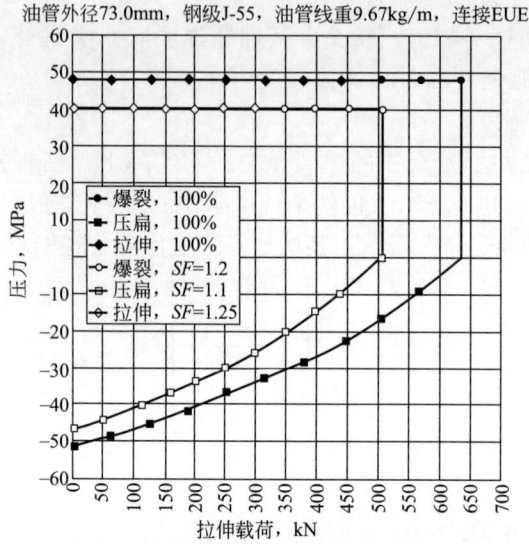

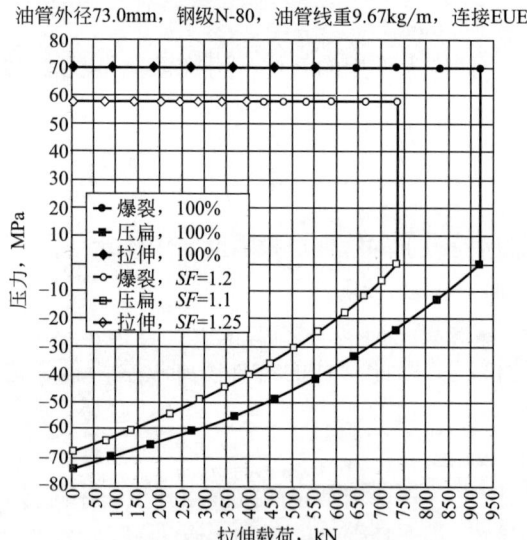

图 2-3　许用拉力与压力的函数关系图

第二章　工程参数计算及设计

关于带压作业的工作管柱强度的设计安全参数，推荐采用抗拉强度设计安全系数不小于 1.25，抗挤强度设计安全系数不小于 1.25，抗内压强度设计安全系数不小于 1.25，抗压缩强度设计安全系数不小于 1.43。

5. 中和点计算

根据中和点定义可知，当管柱起下一定深度后，井筒内管柱自重将与截面力相等，此时井内管柱长度即为中和点，又称平衡点，即：

$$F_{wp} = W + \Delta W \tag{2-12}$$

式中　W——管柱浮重，kN；

　　　F_{wp}——管柱的截面力，kN；

　　　ΔW——管柱内流体重量，kN。

管柱浮重是管柱井筒流体中的重量，即：

$$W = mgL - \rho_1 g \pi L D^2/4 = (mg - \rho_1 g \pi D^2/4)L \tag{2-13}$$

式中　m——管柱线重，kg/m；

　　　D——管柱的外径，m；

　　　ρ_1——井筒内流体的密度，kg/m³；

　　　g——重力加速度，取 9.8N/kg；

　　　L——中和点长度，m。

管柱内流体重量计算公式：

$$W = L\rho_2 g \pi d^2/4 \tag{2-14}$$

式中　d——管柱的内径，m；

　　　ρ_2——管柱内灌入流体的密度，kg/m³。

如果管柱内为空气，重量计算可以忽略。

结合现场应用，将公式整理后，得出中和点长度计算公式，即：

$$L = \frac{7.854 \times 10^{-2} p_{wh} D^2}{m - 7.854 \times 10^{-4} \rho_1 D^2 + 7.854 \times 10^{-4} \rho_2 d^2} \tag{2-15}$$

式中　L——中和点长度，m；

　　　p_{wh}——井口压力，MPa；

　　　D——管柱外径，mm；

　　　d——管柱内径，mm；

　　　ρ_1——井筒内流体的密度，10^3kg/m³；

　　　ρ_2——管柱内灌入流体的密度，10^3kg/m³。

当管柱内没有灌注流体时，ρ_2 为零，则 ΔW 为 0，管柱的中和点计算如下：

$$L=\frac{7.854\times10^{-2}p_{wh}D^2}{m-7.854\times10^{-4}\rho_1 D^2} \qquad (2-16)$$

对于天然气井,由于通常情况下天然气密度变化范围为 $0.55\sim0.90\text{kg/m}^3$,在 0℃ 及标准大气压下密度为 0.7174kg/m^3,相对于空气的密度为 0.5548,密度非常小,因此 ρ_1 基本可以忽略为零,管柱受到的浮力可以忽略不计,即等同于管柱内没有灌注流体的情况。所以管柱的中和点计算如下:

$$L=\frac{7.854\times10^{-2}p_{wh}D^2}{m} \qquad (2-17)$$

计算实例:下入 2⅜in(内径 50.7mm)油管,油管线重为 6.99kg/m,井内有相对密度为 1.07 的盐水且井口压力为 10.5MPa,通过防喷器的摩擦力为 453.59kgf,那么:

(1)最大下压力是多大?
(2)油管内不灌入液体时,下入多少米达到中和点?
(3)油管内灌入 $1.44\times10^3\text{kg/m}^3$ 的盐水时,下入多少米达到平衡点?

解:(1)最大下压力由式(2-5)、式(2-7)得:

$$F_{sn}=10.5\times\pi\times60.3^2/4+453.59=3450.64(\text{kgf})$$

(2)油管内不灌入液体时的中和点,由式(2-16)得:

$$L=\frac{7.854\times10^{-2}p_{wh}D^2}{m-7.854\times10^{-4}\rho_1 D^2}=\frac{7.854\times10^2\times10.5\times60.3^2}{6.99-7.854\times10^{-4}\times1.07\times60.3^2}=777.6(\text{m})$$

(3)油管内灌入密度为 $1.44\times10^3\text{kg/m}^3$ 的盐水时,由式(2-15)得:

$$L=\frac{7.854\times10^{-2}p_{wh}D^2}{m-7.854\times10^{-4}\rho_1 D^2+7.854\times10^{-4}\rho_2 d^2}$$

$$=\frac{785.5\times10.5\times60.3^2}{6.99-7.854\times10^{-4}\times1.07\times60.3^2+7.854\times10^{-4}\times1.44\times50.7^2}$$

$$=442(\text{m})$$

带压作业中和点的计算非常重要,是预防井喷事故和防止管柱落井的重要环节。下管柱时,在中和点以上为防止管柱从井内"飞出",主要靠两副防顶卡瓦转换使用来下入管柱。一旦超过中和点,主要防止管柱"落井",需要两副承重卡瓦转换使用来下入管柱,这时辅助式带压作业机就可以利用修井机或钻机游车大钩来下入管柱了。同样,起管柱时,在中和点以下可以利用修井机或钻机游车大钩来起出管柱,一旦超过中和点,就必须利用带压作业机的两副防顶卡瓦转换使用来起出管柱。

因为中和点计算仅是理论计算，实际工作中由于管柱自身重量不均、井筒压力的变化、管柱与防喷器的摩擦力、管柱与套管的摩擦力、液压系统的摩擦力等因素，中和点的计算难免与实际有一定误差，因此在起下管柱接近管柱中和点时都应逐根进行轻管柱、重管柱测试，以免发生"飞出"和"落井"事故。

6. 最大无支撑长度计算

最大无支撑长度是指带压下入管柱时，管柱在轴向上受压不产生弯曲变形的长度，它与下压力和管柱强度有关。根据材料力学知识，横截面和材料相同的压杆，由于杆的长度不同，其抵抗外力的性质将发生根本的改变，短粗的压杆是强度问题，细长的压杆则是稳定问题。细长杆件受压时，其承载能力远低于短粗压杆，强度不是影响其工作能力的主要因素。

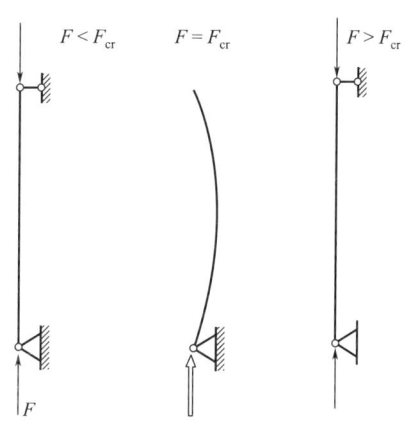

如图2-4所示，图中 F 为细长杆实际受到的压力，F_{cr} 为细长杆稳定状态时的临界压力，对于压杆来说，当压力 F 达到或超过 F_{cr} 时，在外来扰动的作用

图2-4 细长杆失稳示意图

下，压杆不能保持原有的直线平衡状态而丧失继续承载的能力，这种现象称为失稳，这个临界载荷 F_{cr} 是压杆保持直线平衡状态所能承受的最大载荷。

假设在轴向力 F 作用下，压杆处于微弯平衡状态，当杆内应力不超过材料的比例极限时，求解挠曲轴方程可以得到：

$$F=\frac{n^2\pi^2 EI}{l^2} \ (n=0, 1, 2, \cdots)$$

在带压作业计算时，在确定长轴屈曲时 $n=1$。因此对于两端为铰支座的理想压杆、失稳状态在线弹性范围内的压杆，临界压力 F_{cr} 可采用欧拉公式计算：

$$F_{cr}=\frac{\pi^2 EI}{l^2} \tag{2-18}$$

式中　F_{cr}——压杆失稳的临界压力，N；

E——压杆钢级下的弹性模量，一般取200GPa，即 200×10^3 MPa；

I——压杆的惯性矩，$I=\frac{\pi}{64}(D^4-d^4)$，$mm^4$；

D, d——压杆的外径和内径，mm；
l——细长杆的长度，mm。

带压作业过程中，一般不需要对短粗压杆的强度进行计算，细长压杆才是我分析计算的重点。由于油管或钻杆是在防喷器关闭的情况下下钻，这个关闭的防喷器和井筒压力产生的截面力会阻碍管柱的下入，这样就在管柱上形成了两个类似两端铰支细长压杆，只是带压下入管柱时，只要井口压力、管柱尺寸确定，那么按照式(2-5) 和式(2-7)，管柱的最大下压力是可以确定的，也是不能减少的，否则管柱就无法下入井内，这里 F_{cr} 也就是最大下压力 F_{sn}。因此带压下入管柱的重点就是通过下支链（关闭环形或半封防喷器）以及上支链（移动卡瓦高度、采用防弯导管）来调整"细长杆"的长度，这个"细长杆"的长度就是无支撑长度。通过欧拉公式变形就得到无支撑长度计算公式：

$$l = \sqrt{\frac{\pi^2 EI}{F_{sn}}} \qquad (2-19)$$

需注意的是，最大下压力计算不仅要计算通过管体的最大下压力，更要考虑通过管柱接箍的最大下压力。前述的最大下压力计算中，管柱受到的摩擦力是按经验计算的，因此无支撑长度还需采用一定的安全系数来确保作业安全，这个长度就是安全无支撑长度。参考加拿大 IRP15《带压作业推荐做法》，一般按以下三种方式选取安全系数：

（1）ϕ33.4mm、ϕ42.2mm、ϕ48.3mm、ϕ52.4mm 等较小外径的管柱一般采用整体接头。其中 ϕ33.4mm、ϕ42.2mm、ϕ48.3mm 的整体接头强度大概为管体强度的 83%，这三种管柱尺寸采用 60% 的安全系数；ϕ52.4mm 整体接头强度大概是管体强度的 95%，因此 ϕ52.4mm 管柱采用 65% 的安全系数。

（2）ϕ60.3mm、ϕ73.0mm、ϕ88.9mm 等较大外径的管柱一般采用外加厚（EUE）或特殊螺纹接头。外加厚和特殊螺纹接头的强度与管体强度相同，因此这三种尺寸采用 70% 的安全系数。

（3）如果油管为 N80 旧油管，井筒压力大于 35MPa 或者 H_2S 浓度高于 1.0%（体积分数）时，则还要把无支承长度减小 25%，即取计算值的 52.5%。

根据作业管柱和井筒压力，可以计算出下压力、无支撑长度，对同一管柱按照不同的压力就可以绘制出井筒压力与下压力、屈曲力与无支撑长度的关系曲线图，作业时可以直接用查图法进行有关计算。图 2-5 至图 2-10 绘制了钢级分别为 J-55、L-80，外径分别为 60.3mm、73.0mm、88.9mm 油管的井筒压力与下压力、屈曲力与无支撑长度的关系曲线图。

第二章 工程参数计算及设计

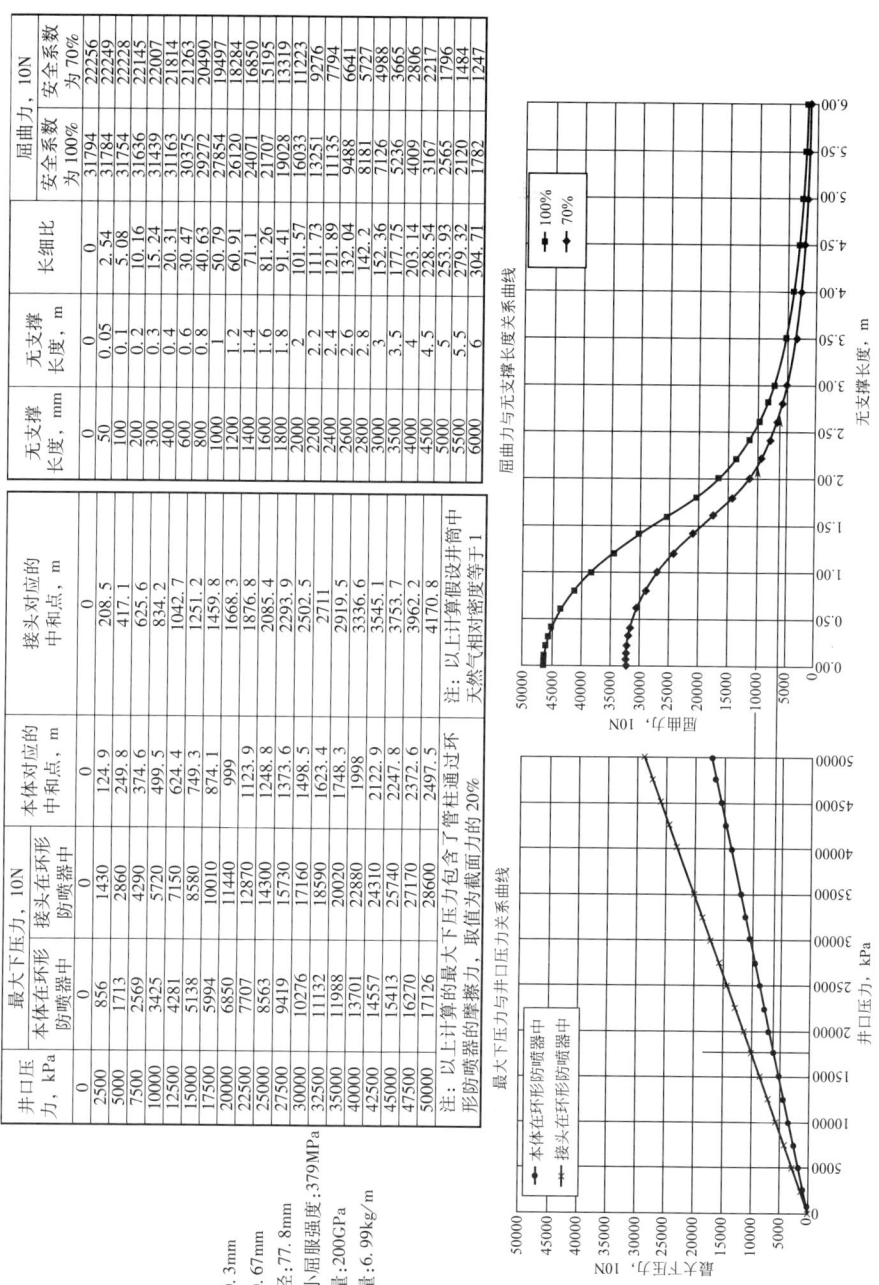

图2-5 外径为60.3mm、钢级为J-55、单位质量为6.99kg/m的外加厚油管井筒压力与井口压力，屈曲力与无支撑长度的关系曲线图

井口压力, kPa	最大下压力, 10N		本体对应的中和点, m	接头对应的中和点, m		无支撑长度, mm	无支撑长度, m	长细比	屈曲系数, 10N		屈曲系数, 10N	
	本体在环形防喷器中	接头在环形防喷器中							安全系数为100%	安全系数为70%		
0	0	0	0	208.5		0	0	0	46222	32356		
2500	856	1430	124.9	417.1		50	0.05	2.54	46202	32341		
5000	1713	2860	249.8	625.6		100	0.1	5.08	46139	32297		
7500	1269	4290	374.6	834.2		200	0.2	10.16	45889	32123		
10000	3425	5720	499.5	1042.7		300	0.3	15.24	45473	31831		
12500	4281	7150	624.4	1251.2		400	0.4	20.31	44890	31423		
15000	5138	8580	749.3	1459.8		600	0.6	30.47	43224	30257		
17500	5994	10010	874.1	1668.3		800	0.8	40.63	40893	28625		
20000	6850	11440	999	1876.8		1000	1	50.79	37895	26526		
22500	7707	12870	1123.9	2085.4		1200	1.2	60.91	34230	23961		
25000	8563	14300	1248.8	2293.9		1400	1.4	71.1	29900	20930		
27500	9419	15730	1373.6	2502.5		1600	1.6	81.26	24903	17432		
30000	10276	17160	1498.5	2711		1800	1.8	91.41	19795	13857		
32500	11132	18590	1623.4	2919.5		2000	2	101.57	16034	11224		
35000	11988	20020	1748.3	3336.6		2200	2.2	111.73	13251	9276		
37500	12845	21450	1873.2			2400	2.4	121.89	11135	7794		
40000	13701	22880	1998	3545.1		2600	2.6	132.04	9488	6641		
42500	14557	24310	2122.9	3753.7		2800	2.8	142.2	8181	5727		
45000	15413	25740	2247.8	3962.2		3000	3	152.36	7126	4988		
47500	16270	27170	2372.6	4170.8		3500	3.5	177.75	5236	3665		
50000	17126	28600	2497.5			4000	4	203.14	4009	2806		
						4500	4.5	228.54	3167	2217		
						5000	5	253.93	2565	1796		
						5500	5.5	279.32	2120	1484		
						6000	6	304.71	1782	1247		

注：以上计算最大下压力包含了管柱通过环形防喷器的摩擦力，取值为截面力的20%

注：以上计算假设井筒中天然气相对密度等于1

- 外径: 60.3mm
- 内径: 50.67mm
- 接头外径: 77.8mm
- 管材最小屈服强度: 551MPa
- 弹性模量: 200GPa
- 单位质量: 6.99kg/m

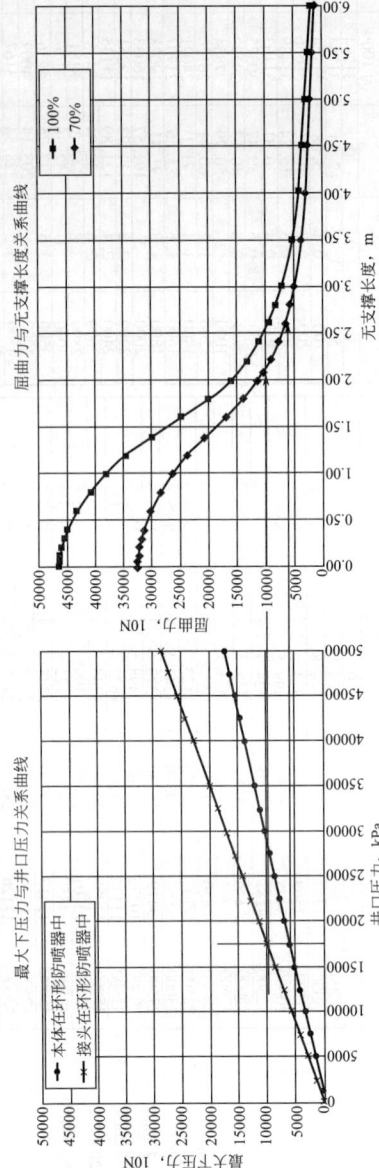

图 2-6 外径为 60.3mm、钢级为 L-80、单位质量为 6.99kg/m 的外加厚油管井筒压力与下压力、屈曲力与无支撑长度的关系曲线图

第二章 工程参数计算及设计

井口压力, kPa	最大下压力, 10N 本体在环形防喷器中	接头在环形防喷器中	本体对应的中和点, m	接头对应的中和点, m
0	0	0	0	0
2500	1255	2052	132.3	216.3
7500	3765	6156	396.9	649
10000	5020	8208	529.2	865.3
10000	5020	8208	529.2	865.3
12500	6275	10261	661.5	1081.6
15000	7530	12313	793.8	1298
17500	8785	14365	926.1	1514.3
20000	10040	16417	1058.4	1730.6
22500	11295	18469	1190.6	1946.9
25000	12550	20521	1322.9	2163.3
27500	13805	22573	1455.2	2379.6
30000	15060	24625	1587.5	2595.9
32500	16315	26678	1719.8	2812.2
35000	17570	28730	1852.1	3028.6
40000	20080	32834	2116.7	3461.2
42500	21335	34886	2249	3677.5
45000	22590	36938	2381.3	3893.9
47500	23845	38990	2513.6	4110.2
50000	25100	41042	2645.9	4326.5

注：以上计算的最大下压力包含了管柱通过环形防喷器的摩擦力，取直为截面力的20%

无支撑长度, mm	无支撑长度, m	长细比	屈曲力, 10N 安全系数为100%	安全系数为70%
0	0	0	44181	30927
50	0.05	2.09	44172	30920
100	0.1	4.18	44144	30901
200	0.2	8.35	44033	30823
300	0.3	12.53	43848	30693
400	0.4	16.71	43589	30512
600	0.6	25.06	42848	29994
800	0.8	33.41	41811	29268
1000	1	41.76	40478	28335
1200	1.2	50.12	38849	27194
1400	1.4	58.47	36923	25846
1600	1.6	66.82	34702	24291
1800	1.8	75.18	32184	22529
2000	2	83.53	29370	20559
2200	2.2	91.88	26259	18381
2400	2.4	100.23	22853	15997
2600	2.6	108.59	19495	13647
2800	2.8	116.94	16810	11767
3000	3	125.29	14643	10250
3500	3.5	146.17	10758	7531
4000	4	167.06	8237	5766
4500	4.5	187.94	6508	4556
5000	5	208.82	5272	3690
5500	5.5	229.7	4357	3050
6000	6	250.59	3661	2563

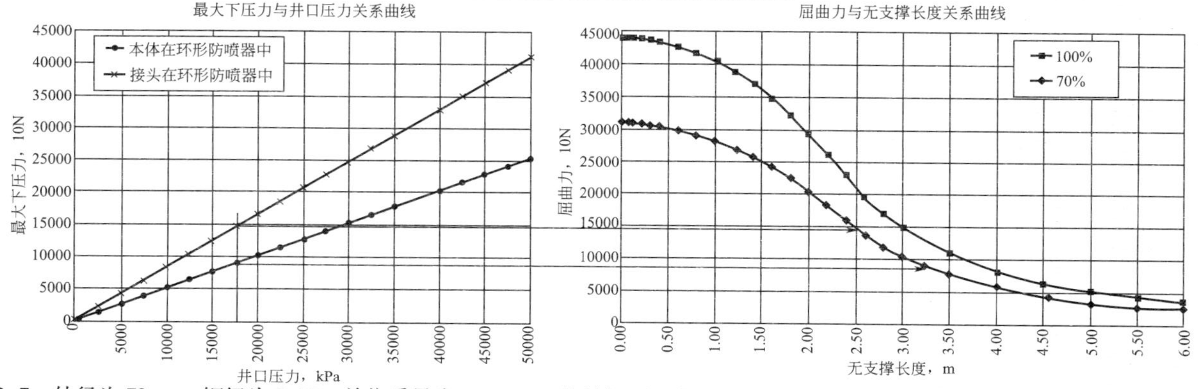

注：以上计算假设井筒中天然气相对密度等于1

- 外径:73mm
- 内径:62mm
- 接头外径:93.2mm
- 管材最小屈服强度:379MPa
- 弹性模量:200GPa
- 单位质量:9.67kg/m

图 2-7 外径为73mm，钢级为J-55，单位质量为9.67kg/m的外加厚油管井筒压力与下压力、屈曲力与无支撑长度的关系曲线图

井口压力, kPa	最大下压力, 10N 本体在环形防喷器中	最大下压力, 10N 接头在环形防喷器中	本体对应的中和点, m	接头对应的中和点, m
0	0	0	0	0
2500	1255	2052	132.3	216.3
5000	2510	4104	264.6	432.7
7500	3765	6156	396.9	649
10000	5020	8208	529.2	865.3
12500	6275	10261	661.5	1081.6
15000	7530	12313	793.8	1298
17500	8785	14365	926.1	1514.3
20000	10040	16417	1058.4	1730.6
22500	11295	18469	1190.6	1946.9
25000	12550	20521	1322.9	2163.3
27500	13805	22573	1455.2	2379.6
30000	15060	24625	1587.5	2595.9
32500	16315	26678	1719.8	2812.2
35000	17570	28730	1852.1	3028.6
37500	18825		1984.4	
40000	20080	32834	2116.7	3461.2
42500	21335	34886	2249	3677.5
45000	22590	36938	2381.3	3893.9
47500	23845	38990	2513.6	4110.2
50000	25100	41042	2645.9	4326.5

注：以上计算的最大下压力包含了管柱通过环形防喷器的摩擦力，取值为截面力的20%

最大下压力与井口压力关系曲线

无支撑长度, mm	无支撑长度, m	长细比	屈曲力, 10N 安全系数为100%	屈曲力, 10N 安全系数为70%
0	0	0	64231	44962
50	0.05	2.09	64212	44948
100	0.1	4.18	64153	44907
200	0.2	8.35	63918	44743
300	0.3	12.53	63527	44469
400	0.4	16.71	62979	44085
600	0.6	25.06	61414	42990
800	0.8	33.41	59223	41456
1000	1	41.76	56405	39484
1200	1.2	50.12	52962	37073
1400	1.4	58.47	48892	34224
1600	1.6	66.82	44196	30937
1800	1.8	75.18	38874	27212
2000	2	83.53	32926	23048
2200	2.2	91.88	27229	19060
2400	2.4	100.23	22880	16016
2600	2.6	108.59	19495	13647
2800	2.8	116.94	16810	11767
3000	3	125.29	14643	10250
3500	3.5	146.17	10758	7531
4000	4	167.06	8237	5766
4500	4.5	187.94	6508	4556
5000	5	208.82	5272	3690
5500	5.5	229.7	4357	3050
6000	6	250.59	3661	2563

注：以上计算假设井筒中天然气相对密度等于1

屈曲力与无支撑长度关系曲线

- 外径：73mm
- 内径：62mm
- 接头外径：93.2mm
- 管材最小屈服强度：551MPa
- 弹性模量：200GPa
- 单位质量：9.67kg/m

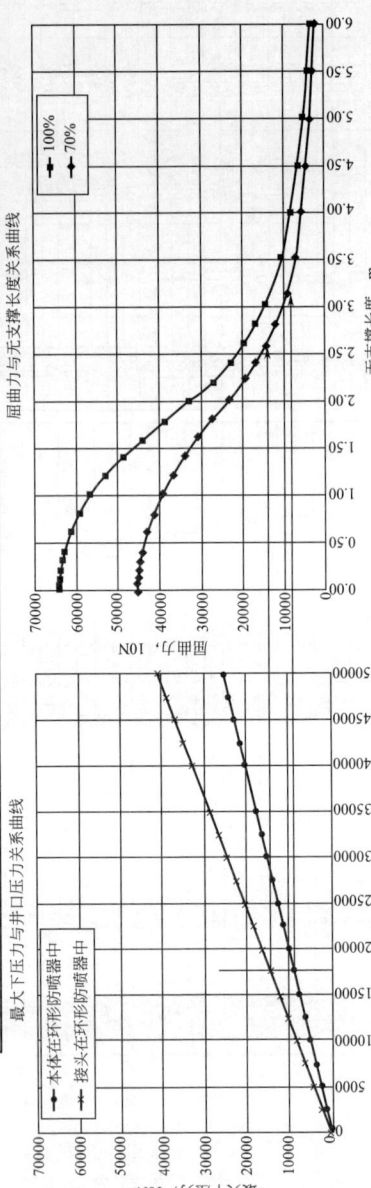

图2-8 外径为73mm，单位质量为9.67kg/m的外加厚油管井筒压力与下压力，屈曲力与无支撑长度的关系曲线图 钢级为L-80

第二章 工程参数计算及设计

井口压力, kPa	最大下压力, 10N 本体在环形防喷器中	接头在环形防喷器中	本体对应的中和点, m	接头对应的中和点, m
0	0	0	0	0
2500	1861	3086	137.1	227.3
5000	3722	6173	274	454.7
7500	5584	9259	411.3	682
10000	7445	12346	548.3	909.3
12500	9306	15432	685.4	1136.7
15000	11167	18519	822.5	1364
17500	13028	21605	959.6	1591.3
20000	14890	24692	1096.7	1818.7
22500	16751	27778	1233.8	2046
25000	18612	30865	1370.8	2273.3
27500	20473	33951	1507.9	2500.6
30000	22334	37038	1645	2728
32500	24196	40124	1782.1	2955.3
35000	26057	43211	1919.2	3182.6
37500	27918	46297	2056.3	3409.9
40000	29779	49384	2193.4	3637.3
42500	31641	52470	2330.4	3864.6
45000	33502	55557	2467.5	4092
47500	35363	58643	2604.6	4319.3
50000	37224	61730	2741.8	4546.7

注：以上计算的最大下压力包含了管柱通过环形防喷器的摩擦力，取其对截面力的20%

- 外径: 88.9mm
- 内径: 76mm
- 接头外径: 114.3mm
- 管材最小屈服强度: 379MPa
- 弹性模量: 200GPa
- 单位质量: 13.84kg/m

无支撑长度, mm	无支撑长度, m	长细比	屈曲力, 10N 安全系数为100%	安全系数为70%
0	0	0	63288	44301
50	0.05	1.71	63279	44295
100	0.1	3.42	63252	44276
200	0.2	6.84	63145	44202
300	0.3	10.26	62968	44077
400	0.4	13.68	62719	43903
600	0.6	20.52	62007	43405
800	0.8	27.36	61011	42708
1000	1	34.2	59731	41812
1200	1.2	41.04	58166	40716
1400	1.4	47.88	56316	39422
1600	1.6	54.72	54182	37927
1800	1.8	61.56	51763	36234
2000	2	68.4	49060	34342
2200	2.2	75.24	46072	32251
2400	2.4	82.08	42800	29960
2600	2.6	88.92	39243	27470
2800	2.8	95.76	35402	24781
3000	3	102.6	31280	21896
3500	3.5	119.7	22981	16087
4000	4	136.8	17595	12317
4500	4.5	153.9	13902	9732
5000	5	171	11261	7883
5500	5.5	188.1	9306	6515
6000	6	205.2	7820	5474

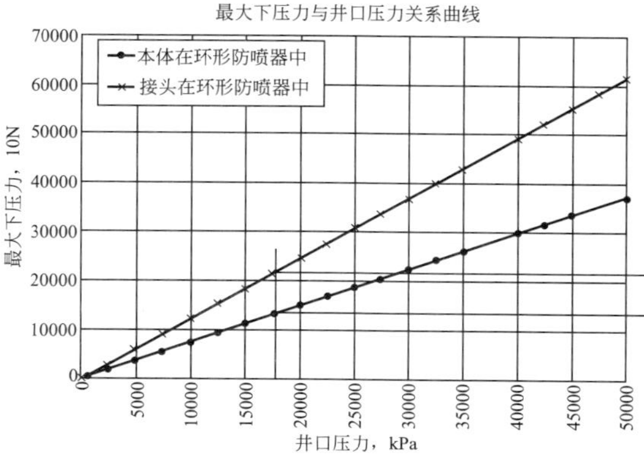

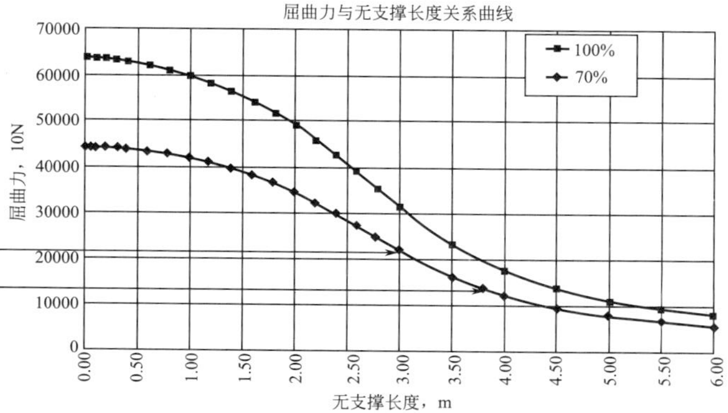

注：以上计算假设井筒密度等于1天然气相对密度

图2-9 外径为88.9mm、钢级为J-55、单位质量为13.84kg/m的外加厚油管井筒压力与下压力、屈曲力与无支撑长度的关系曲线图

- 外径:88.9mm
- 内径:76mm
- 接头外径:114.3mm
- 管材最小屈服强度:379MPa
- 弹性模量:200GPa
- 单位质量:13.84kg/m

井口压力, kPa	最大下压力, 10N 本体在环形防喷器中	接头在环形防喷器中	本体对应的中和点, m	接头对应的中和点, m
0	0	0	0	0
2500	1861	3086	137.1	227.3
5000	3722	6173	274.2	454.7
7500	5584	9259	411.3	682
10000	7445	12346	548.3	909.3
12500	9306	15432	685.4	1136.7
15000	11167	18519	822.5	1364
17500	13028	21605	959.6	1591.3
20000	14890	24692	1096.7	1818.7
22500	16751	27778	1233.8	2046
25000	18612	30865	1370.8	2273.3
27500	20473	33951	1507.9	2500.6
30000	22334	37038	1645	2728
32500	24196	40124	1782.1	2955.3
35000	26057	43211	1919.2	3182.6
37500	27918	46297	2056.3	3410
40000	29779	49384	2193.4	3637.3
42500	31641	52470	2330.4	3864.6
45000	33502	55557	2467.5	4092
47500	35363	58643	2604.6	4319.3
50000	37224	61730	2741.7	4546.6

注:以上计算的最大下压力包含了管柱通过环形防喷器的摩擦力,取值为截面力的20%

无支撑长度, mm	无支撑长度, m	长细比	屈曲力, 10N 安全系数为100%	安全系数为70%
0	0	0	92009	64406
50	0.05	1.71	91990	64393
100	0.1	3.42	91934	64354
200	0.2	6.84	91709	64196
300	0.3	10.26	91333	63933
400	0.4	13.68	90806	63564
500	0.5	17.10	89303	62512
600	0.6	20.52	89303	62512
800	0.8	27.36	87193	61039
1000	1	34.2	84491	59144
1200	1.2	41.04	81184	56829
1400	1.4	47.88	77224	54092
1600	1.6	54.72	72764	50935
1800	1.8	61.56	67651	47356
2000	2	68.4	61998	43357
2200	2.2	75.24	55623	38936
2400	2.4	82.08	48707	34095
2600	2.6	88.92	41645	29152
2800	2.8	95.76	33908	23736
3000	3	102.6	31280	21896
3500	3.5	119.7	22981	16087
4000	4	136.8	17595	12317
4500	4.5	153.9	13902	9732
5000	5	171	11261	7883
5500	5.5	188.1	9306	6515
6000	6	205.2	7820	5474

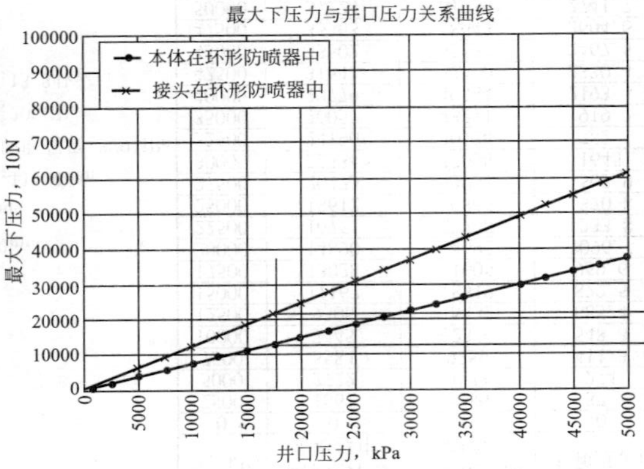

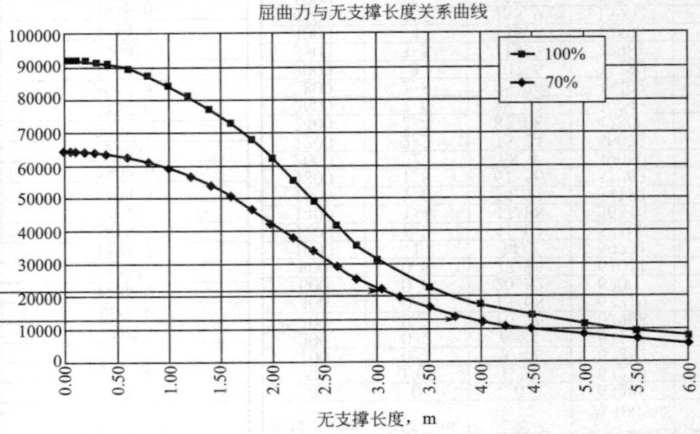

注:以上计算假设井筒中天然气相对密度等于1

图2-10 外径为88.9mm、钢级为L-80、单位质量为13.84kg/m的外加厚油管井筒压力与下压力、屈曲力与无支撑长度的关系曲线图

第二章 工程参数计算及设计

第三节 "三项"设计

在收集基础资料和相关工程计算的基础上,即可进行地质设计、工程设计和施工设计等带压作业的"三项"设计,"三项"设计都必须通过审批后才能执行。

一、地质设计

地质设计通常提供基础数据,至少应包括下列内容:
(1)井场周围人居情况调查资料,包括井场周围一定范围内的居民住宅、学校、工厂、矿山、国防设施、高压电线、地质评价、水资源情况以及风向变化等环境勘察评价的文字和图件资料,并标注说明。
(2)流体性质及组分,本井或邻井气油比、流体性质资料、流体组分(特别是H_2S和CO_2浓度)、产出水含盐量、水合物的形成、凝析油以及其他水垢、蜡、沥青含量等。
(3)地层情况,目前地层压力、原始地层压力、地层温度、地温梯度,塑性地层、易垮塌层等特殊地层应提示。
(4)邻井生产情况,地层互相连通情况,注水、注汽(气)情况资料。
(5)井身结构,井内各层套管钢级、壁厚、尺寸、下入井深,水泥返高,固井情况,试压情况。
(6)交代本次作业的施工目的,并提示作业风险。

二、工程设计

工程设计至少应包括下列内容:
(1)历次作业简况。
(2)带压作业管柱压力控制、施工工艺及技术要求等。
(3)带压作业机、安全防喷器及地面流程等设备设施的要求。
(4)压井液等应急物资准备。
(5)HSE、井控及质量要求。

三、施工设计

施工设计至少应包括下列内容:

(1) 核实地质设计、工程设计提供的数据,重点对井身结构、井口装置、套管短节承载情况、管柱悬挂方式、井下管柱结构、管柱变径接头、工具内径、井口压力、流体性质、凝析油含量等进行核实。

(2) 进行工程力学计算与核实,包括最大下压力、中和点深度、最大无支撑长度和管柱的抗外挤强度等工程参数计算,见本章第二节计算方法。

(3) 根据井筒压力、井下管柱结构、下入管柱结构、井口装置型号、施工工艺等选择压力等级、设备通径、举升(下推)力、转盘扭矩符合要求的带压作业机。

(4) 明确安全防喷器组、工作防喷器组以及其他地面设备的配套。

(5) 根据井内管柱通径、压力、温度、流体性质和工艺要求等选择管柱内压力控制工具。

(6) 明确施工准备、管柱压力控制工艺、设备安装、带压作业工序、完井收尾等内容。

(7) 开展工作安全分析,制定应急预案、HSE、井控及质量等要求。

本章知识要点

(1) 带压作业施工需要的基础数据。
(2) 带压作业的相关力学计算。
(3) 带压作业设计包含的内容。

思考题

(1) 如何计算管柱中和点、无支撑长度、最大下压力、最大举升力?
(2) 如何绘制井口压力与下压力、屈曲力与无支撑长度的关系曲线图?
(3) 如何通过关系曲线图查询在某井口压力下的管柱无支撑长度和最大下压力?

第三章 油管内压力控制工具及工艺

油管内压力控制是指在带压作业过程中，采取机械堵塞或者化学堵塞的方式控制油管内流体外泄的技术。这些工艺和措施主要是采用钢丝电缆作业、泵送作业、冷冻作业、连续油管作业、地面预置等方法在油管（或钻具）内形成一个永久式或可回收式的堵塞器，控制井内流体外泄。机械堵塞包括油管堵塞器、电缆桥塞、钢丝桥塞、单流阀、破裂盘、盲堵等机械坐封、锚定工具，化学堵塞包括冷冻暂堵、液体桥塞等。

第一节 油管内压力控制屏障设置

建立合格、有效的井屏障是保障带压作业安全的重要手段。井屏障（well barrier）是指采用井筒组件及技术，有效阻止不期望的地层流体外泄。为了防止未预见到的地层流体泄漏、井喷，带压作业时应在工作管柱或油管内根据井筒压力、介质等要求设立若干级机械屏障。此外，应从屏障的设计、结构、数量、压力级别、材质、检验和验证、监控等方面进行规范和控制，实现风险可控的带压作业。

一、国外油管内堵塞屏障设置规范

油管内堵塞失效是带压作业最大的风险，在挪威石油标准化组织 NORSOK D-010《钻井和油井作业过程中的井完整性》、加拿大行业推荐做法 IRP 15《带压作业推荐做法》都运用了井完整性、井屏障这一理念，对完井管柱、工作管柱的内堵塞进行了要求。

图 3-1 所示是 NORSOK D-010 带压下入工作管柱的可接受井屏障图。NORSOK D-002《修井设备系统要求》对带压作业内堵塞方面作了如下要求：

(1) 工作管柱上至少安装两个背压阀（BPV）。
(2) 工作现场至少有四个背压阀（BPV）备用。
(3) 背压阀结构上应能满足投球和飞镖通过的要求。
(4) 对不同管径的工作筒至少配备一个泵通式堵塞器。
(5) 现场最少有两个全通径旋塞阀备用，并配备好转换接头。

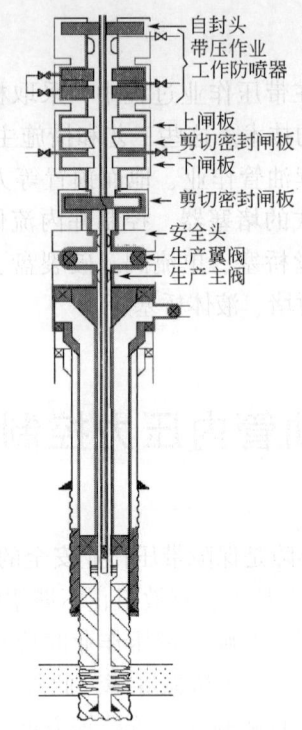

图 3-1　带压下入工作管柱的可接受井屏障图

带压起下工作管柱背压阀屏障元件验收标准见表 3-1。

表 3-1　带压起下工作管柱背压阀屏障元件验收标准表

特点	验收标准
描述	本部分包括一个配有双活瓣式背压阀的阀体，可将其安装到工作管柱的端部
功能	带压作业背压阀的作用是防止地层流体意外地流入强行起下管柱中
设计、结构和选择	带压作业背压阀应能够承受所有预期的井下作用力和各种状况； 工作压力应等于最大操作压力； 带压作业背压阀应配备双密封，给强行起下管柱接头提供内外密封； 应做好准备，通过强行起下背压阀把投球打入井内； 两个背压阀都要在开井前安装到井底钻具组合（BHA）或工作管柱内

第三章 油管内压力控制工具及工艺

续表

特点	验收标准
初次测试和验证	连接到强行起下钻管柱之前,应进行高低压测试; 在每次下井前进行负压测试
使用	强行起下背压阀直接连接到强行起下钻管柱底端,且在 BHA 之上
监控	定期负压测试
常见井屏障	无

通常,下部钻具组合(BHA)以上的单流阀(CV)、背压阀(BPV)等能够泵送流体的堵塞器放在管柱底部,作为管柱内堵塞井控一级屏障,坐放短节等允许起下的堵塞器作为管柱内堵塞井控二级屏障,剪切/全封、剪切/密封防喷器作为井控三级屏障。典型内堵塞屏障配置如图 3-2 所示。表 3-2 所示是加拿大行业推荐做法 IRP 15-2015 推荐的油管内堵塞最低要求。

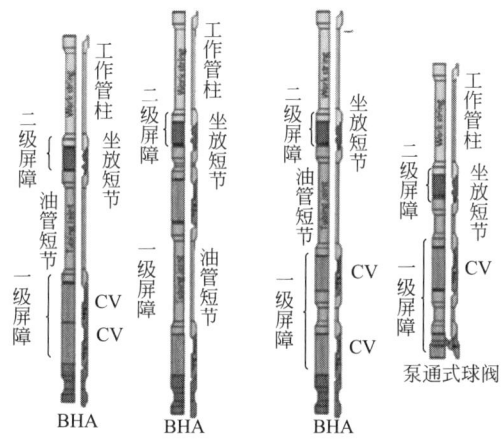

图 3-2 典型内堵塞屏障设置

表 3-2 油管堵塞器和破裂盘推荐做法

项目	油管盲堵	单堵塞器+防滑装置	单个永久式桥塞	双堵塞器+防滑装置	两个永久式桥塞	两个浮阀	井下关断阀(1/4 圈)	定压破裂盘和组合破裂盘
不含硫,压差小于 14MPa	X	X	X			X	X	X
含硫,压差大于 14MPa,且 H_2S 浓度小于 750mg/m³	X	X	X			X		X

续表

项目	油管盲堵	单堵塞器+防滑装置	单个永久式桥塞	双堵塞器+防滑装置	两个永久式桥塞	两个浮阀	井下关断阀（1/4圈）	定压破裂盘和组合破裂盘
不含硫，压差介于14~21MPa	X	X	X			X	X	X
含硫，压差介于14~21MPa，且H₂S浓度小于750mg/m³	X	X	X			X		X
在下面所有情况下，要求作业前须签认							
含硫，压差小于21MPa，且H₂S浓度大于750mg/m³	X			X	X	X		XX
不含硫，压差大于21MPa	X			X	X	X		XX
H₂S含硫，压差大于21MPa，且H₂S浓度小于750mg/m³	X			X	X	X		XX
含硫，压差大于21MPa，且H₂S浓度大于750mg/m³	X			X	X			XX

注：（1）X表示单屏障；XX表示双屏障。
（2）采用双屏障时，两个堵塞器之间的推荐间距是3~10m。

二、油管内堵塞屏障设置原则

鉴于国内油水井井下管柱结构复杂，包括注水器、配水器等工具，且完井油管普遍没有安装可以专门坐放堵塞器的工作筒（油管的堵塞器只能坐在没有机械阻挡位置的油管本体上），同时油管内壁易形成坑蚀，影响堵塞工具密封效果，坐封不牢固甚至落井，会给带压作业带来极大的井控风险。借鉴国外油管内堵塞屏障设置规范，对油管内压力控制工具的选取和数量设置、压力级别、温度与材质、检验和验证等方面做如下推荐。

1. 油管内压力控制工具的选取原则

（1）井下管柱带有坐放接头且完好情况下，优先选取与坐放接头匹配的堵塞器。

（2）井下管柱无坐放接头或者共同失效时，优先选取钢丝桥塞或电缆

第三章 油管内压力控制工具及工艺

桥塞。

（3）若采用两个桥塞堵塞，两个桥塞的坐封位置距离应大于3m。

（4）新下入的完井管柱优先选用油管盲堵工具或破裂盘，宜下入坐放接头。

（5）对水平井或大斜度井应在管柱底部筛管以上和造斜点以上位置处各下入至少一个坐放接头。

（6）工作管柱宜选取两个单流阀作为油管内压力控制工具，单流阀应能满足下部工具通径需要。

2. 油管内堵塞屏障的数量

油管内堵塞屏障的数量应结合井底压力和硫化氢含量来确定，可以参照表3-2执行。

3. 油管内压力控制工具的工作压差

应根据管柱内通径、井内压力、温度和流体性质及工艺要求选择油管内压力控制工具，油管内压力控制工具的工作压差不低于最大井底压力的1.1倍。

4. 油管内压力控制工具的适应温度与材质

油管内压力控制工具的耐温级别必须大于井底最高温度，材质必须满足井筒作业介质的需要。对含硫化氢井，油管内压力控制工具的金属材质应符合 NACE MR 0175 或《石油天然气工业 油气开采中用于含硫化氢环境的材料 第2部分：抗开裂碳钢、低合金钢和铸钢》（GB/T 20972.2—2008）的要求，密封胶筒必须能抗硫化氢腐蚀。

5. 油管内堵塞屏障的检验和验证

地面安装的堵塞工具应进行低压试压和高压试压。下井前堵塞工具应自下而上进行清水试压，应先做1.4~2.1MPa的低压试压，稳压10min，压力不降为合格；再用1.1倍于预计井底压力的测试压力对油管堵塞器进行试压，稳定10min，压降小于0.7MPa为合格。所有的压力测试都应有记录。

井下内堵塞时，应采用逐级泄压检验堵塞器坐封可靠性。逐级泄掉油管内压力，观察油管压力是否上升，每次观察15min，直至油管压力降到0，若油管压力不上升，油管封堵合格；若油管堵塞失效，应分析原因，起出堵塞器，重新进行堵塞作业，直至合格。油管内堵塞后，为降低堵塞器上、下压差，可向油管内灌入一定量的阻燃液体，使堵塞器工作压差在其额定压差的70%以内。

油管内压力控制风险级别高，是一旦失效最难以控制的风险，可能会对作业人员造成严重危害，因此在选用油管内压力控制工具时应确保这些工具制造商具有生产资质，并具有第三方认证的检验报告。工具安装方式必须正确，同时确保工具适用于制造商提供的公差范围内。使用非原始制造商提供的工具时必须提供合格证明，并经过风险评估和检验合格。要求钢丝电缆作业单位具有压力控制设备的使用经验或接受过相关培训，对井下完井设备有实际工作经验，有全程质量控制标准方面的经验。

第二节　油管内压力控制工具

油管内压力控制是带压作业核心技术之一，贯穿于带压作业每一个过程。其目的是保证在带压作业过程中有效地控制井内流体不从油管外泄。为实现这一目的所采用的相应技术和方法，称为油管内压力控制技术。

油管内压力控制工具是指能够实现隔离井内压力，防止井内流体从管柱内外泄的井下工具统称。油管内压力控制工具形式多样，种类繁多，按解封方式分为不可打捞式和可打捞式，按与管柱连接方式分为预置式和投放式。

任何类型的油管内压力控制工具都由锁定装置、密封装置和止退装置组成，只是不同类型其结构形式不同。本节重点介绍各类油管内压力控制工具的用途、结构、工作原理、技术参数、适用范围、使用方法及选取原则。

一、不可打捞式油管内压力控制工具

不可打捞式油管内压力控制工具通过钢丝投送、电缆投送、液压泵送等方式下到管柱预定位置形成油管内永久堵塞，不能再打捞回收。各油气田结合生产实际研制、开发了各种各样有针对性的不可打捞式油管内压力控制工具，下面介绍滑块式油管堵塞器、电缆桥塞、智能式油管堵塞器、清垢式油管堵塞器、大变径油管堵塞器五种典型油管内压力控制工具。

1. 滑块式油管堵塞器

1) 用途

滑块式油管堵塞器适用于井内管柱底部有缩径工具且管柱不卡的井，光管柱完井的油水井或管柱断脱的井不建议使用。

第三章 油管内压力控制工具及工艺

2）结构

滑块式油管堵塞器主要由反扣安全接头、皮碗、滑块等部件构成，如图3-3所示。

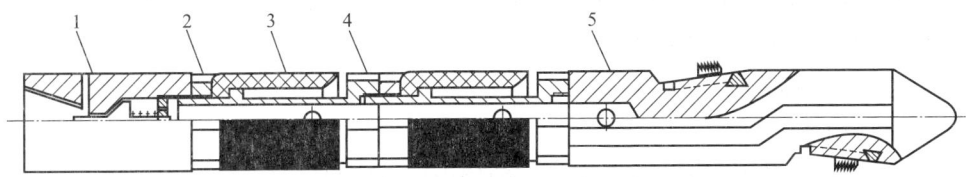

图3-3 滑块式油管堵塞器结构示意图
1—反扣安全接头；2—皮碗压盖；3—密封皮碗；4—密封皮碗接头；5—滑块本体

3）工作原理

堵塞器通过投掷或工具管下入井内预定位置后，打开井口阀门，皮碗在其上下压差作用下发生膨胀，封堵油管柱；同时，堵塞器在井内压力作用下，滑块卡瓦牙沿轨道发生径向运动，轨道对滑块的径向力迫使卡瓦牙咬入管柱内壁，实现堵塞器锁定油管。

投送堵塞器

4）适用范围及技术参数

该类堵塞器适用井内管柱底部有缩径工具且管柱不卡的井，具体技术参数见表3-3。

表3-3 滑块式油管堵塞器技术参数

外径，mm	坐封压差，MPa	密封压力，MPa	工作温度，℃	适应油管规格，mm	适应井别
φ56	≥5	≤21	≤120	φ73	油水井
φ70	≥5	≤21	≤120	φ89	油水井

5）使用方法与注意事项

（1）滑块式油管堵塞器可以与工具管配合下入，也可以直接投掷下入。

（2）根据井内管柱通径选择合适尺寸的油管堵塞器。

（3）使用前后应在滑道上涂润滑脂，卡瓦牙块必须完好且沿滑道滑动自如。

（4）堵塞器的卡瓦牙块不得有磨损、崩齿现象，使堵塞器与管柱壁锁定牢靠，防止堵塞器坐封后窜出。

（5）管柱底部必须有缩径工具，防止堵塞器落井，形成井下落物。

（6）井下管柱不得有卡阻现象。滑块式油管堵塞器的结构特点决定了堵塞器只能沿管柱向下运动，不能向上运动，即不能实现打捞。当管柱卡井时，无法将堵塞器从井内取出。

（7）滑块式油管堵塞器坐封后，打开采油树放空阀泄压至 0，观察 30min，如油管压力不上升，封堵合格，执行下一步工序；若油管压力回升，分析原因，确定下一步措施。

2. 电缆桥塞

1）用途

电缆桥塞适用于油、气、水井的油管内压力控制。

2）结构

电缆桥塞主要由剪切筒、过渡连杆、销钉、坐封压套、中心杆、棘轮锁环、一体式卡瓦牙、锥体、胶筒等组成，如图3-4所示。

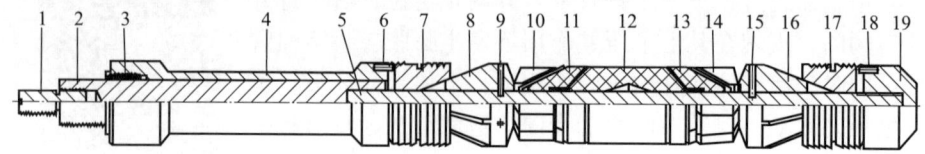

图3-4 电缆桥塞结构示意图

1—剪切筒；2—过渡连杆；3—固定销钉；4—坐封压套；5—中心杆；6—上棘轮锁环；7—上一体式卡瓦牙；8—上锥体；9—上坐封销钉；10—上保护背圈；11—上胶碟；12—胶筒；13—下胶碟；14—下保护背圈；15—下坐封销钉；16—下锥体；17—下一体式卡瓦牙；18—下棘轮锁环；19—背帽

3）工作原理

利用电缆作业将坐封工具和电缆桥塞下放到井内预定位置；地面控制坐封工具工作，对过渡连杆产生一个拉力；过渡连杆的拉力迫使中心杆上移，坐封压套挤压一体式卡瓦牙和胶筒，密封并锁定油管。当坐封工具的拉力大于剪切筒的剪切强度时，剪切筒剪断，实现丢手。

4）适用范围及技术参数

该类堵塞器适用于 2in、2½in、3½in、4½in 管柱的油、气、水井堵塞，具体技术参数见表3-4。

表3-4 电缆桥塞技术参数

桥塞规格 mm	坐封拉力 kN	密封油管内径		密封压力 MPa	工作温度 ℃
		最小，mm	最大，mm		
37.28	35	40.89	50.67	50	148

第三章 油管内压力控制工具及工艺

续表

桥塞规格 mm	坐封拉力 kN	密封油管内径 最小，mm	密封油管内径 最大，mm	密封压力 MPa	工作温度 ℃
44.45	53	48.38	61.97	50	148
48.41	53	54.76	70.23	50	148
55.55	53	60.32	76.20	50	148
57.93	53	62.00	84.91	50	148
63.50	111	73.02	88.90	50	148
69.85	111	80.94	99.56	50	148

5）使用方法与注意事项

（1）油管桥塞堵塞施工前，管柱必须经过刮削或用标准的通径规通径。

（2）桥塞下放速度必须严格控制，若有遇阻现象，只能缓慢活动电缆，不能猛烈冲击。

（3）桥塞坐封后，将坐封工具提高一定高度，然后放回，以确定桥塞是否坐封在正确的位置上。

（4）为验证其密封的可靠性，试压 50MPa，稳压 10min，压降小于 0.7MPa 为合格。

（5）天然气井试压合格后，宜在桥塞上方倒灰，防止桥塞上窜。

3. 智能式油管堵塞器

1）用途

智能式油管堵塞器适用于封堵油水井井下工具以上的管柱，包括注水管柱、压裂管柱和带泵管柱。

2）结构

该类堵塞器主要由卡瓦牙、锥体、胶筒、剪切销钉、工作筒、中心杆等组成，如图 3-5 所示。其中，中心杆下端为带有密封胶圈的活塞，可以在工作筒内运动；在中心杆上端加工有止退牙，与止退环配合控制中心杆只能向下单向运动。

3）工作原理

当中心杆下端活塞受到井内的压力达到剪断销钉的剪切强度时，剪断销钉，中心杆活塞在工作筒内向下运动，迫使胶筒压缩；由于止退牙具有单向运动特性，保持胶筒始终处于压缩状态。堵塞器密封油管后，在截面力作用下，推动锥体卡瓦牙张开，咬合油管内壁。

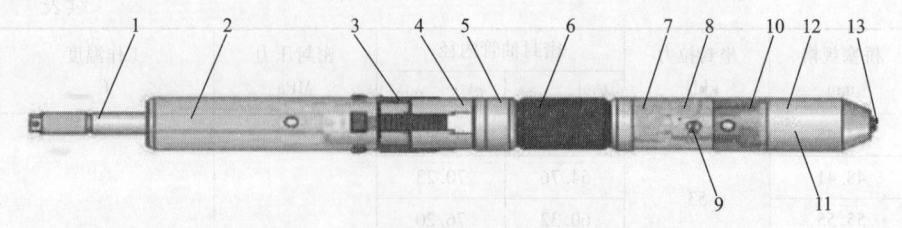

图 3-5 智能式堵塞器结构示意图

1—滑动连杆；2—卡瓦牙固定套；3—卡瓦牙；4—锥体；5—上压盖；6—胶筒；7—下压盖；8—中心杆固定套；9—剪切销钉；10—中心杆限位套；11—工作筒；12—中心杆；13—丝堵

4）适用范围及技术参数

智能式油管堵塞器适用于油水井，不适用天然气井，具体技术参数见表 3-5。

表 3-5 智能式油管堵塞器技术参数

规格，mm	坐封压力	密封压力，MPa	工作温度，℃	适应油管规格，mm	适应井别
φ50	剪切销定剪切强度	35	≤120	φ73	油水井
φ58	剪切销定剪切强度	35	≤120	φ89	油水井

5）使用方法与注意事项

（1）智能式堵塞器可采用钢丝作业或自由投送方式下井。

（2）堵塞器在下井前，应根据井口压力和管柱深度选取不同规格的剪切销钉，并检查卡瓦牙固定套和卡瓦牙活动情况。

（3）堵塞器坐封后，需要打开泄压阀验封，如没有溢流，则堵塞器坐封合格。

（4）堵塞器每次使用后，应更换胶筒，并重新组装。在组装过程中，应在锥体滑道、中心杆止退牙、工作筒内涂抹润滑油，以保证各组件工作灵活。

4. 清垢式油管堵塞器

1）用途

清垢式油管堵塞器适用于 φ73mm 油管内有污物和结垢的带压作业投堵工艺。

2）结构

清垢式油管堵塞器由胶筒、调偏接头、锚体、锚片和刮垢刀片等部分组成，如图 3-6 所示。

第三章 油管内压力控制工具及工艺

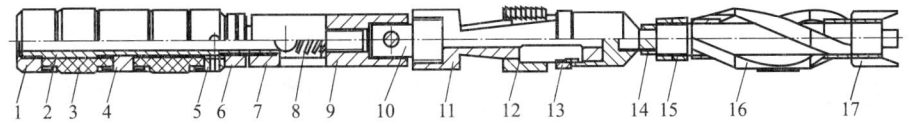

图 3-6 清垢式油管堵塞器结构示意图

1—上压盖；2—中心管；3—胶筒；4—中压盖；5—下压盖；6—背帽；7—过渡接头；
8—压缩弹簧；9—调偏上接头；10—调偏下接头；11—锚体；12—锚爪；13—限位；
14—背帽；15—连接接头；16—刮垢刀片；17—刮垢刀

3）工作原理

刮垢刀片具有特殊的几何形状，在泵车产生的压差推动下，遇阻自行旋转清垢，同时部分液体通过单流阀将刀片刮下的垢屑冲开，从而保证堵塞器下行通畅不受阻，可以顺利到达预定位置完成堵塞任务。

堵塞器部分设有上下两个胶筒，下胶筒在油管内上下压差作用下，膨胀密封，同时油管锚定器卡住油管内壁，阻止堵塞器上行，达到封堵油管的目的。

4）适用范围及技术参数

清垢式油管堵塞器适用于油水井，具体技术参数见表 3-6。

表 3-6 清垢式油管堵塞器技术参数

规格，mm	皮碗撑开外径，mm	密封压力，MPa	工作温度，℃	适应油管规格，mm	适应井别
$\phi 58 \times 825$	$\phi 63$	25	≤150	$\phi 73$	油水井

5）使用方法与注意事项

（1）在井口测试阀上安装防喷管。

（2）将清垢式油管堵塞器置入防喷管中。

（3）打开测试阀门及油管总阀门，用大于井内油管压力 3~5MPa 的泵压将清垢式堵塞器推送至预定位置（堵塞器到达封隔器位置会有泵压明显升高现象）。

（4）打开油管泄压阀门，无溢流为封堵合格。

5. 大变径油管堵塞器

1）用途

大变径油管堵塞器适用于内径为 $\phi 62mm$ 的油管带压作业投堵工艺。

2）结构

大变径油管堵塞器由绳帽、配重棒、丢手部分、密封部分、卡瓦牙部分等组成，如图3-7所示。

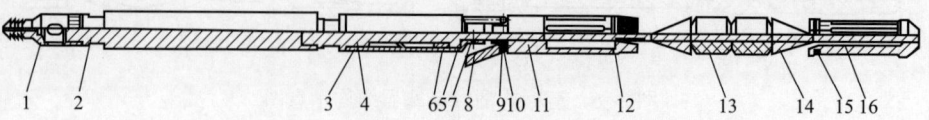

图3-7 大变径油管堵塞器结构示意图

1—绳帽；2—配重棒；3—丢手外套；4—丢手中心杆；5—防落剪钉；6—丢手弹簧；
7—丢手稳钉；8—弹性爪；9—弹簧；10—销轴；11—卡瓦牙；12—卡瓦牙簧；
13—胶筒；14—锥体；15—扶正簧；16—扶正体

3) 工作原理

该工具用于过配水器后堵塞油管，当堵塞装置上提弹性爪卡住接箍台阶处卡瓦牙不动，中心杆上行，锥体被卡瓦牙挡柱同时压缩胶筒，继续上提，胶筒完全被压缩后下放堵塞装置，再次上提即可丢开，堵塞完成。

4) 适用范围及技术参数

大变径油管堵塞器适用于油管内径为 $\phi 62mm$ 油水井的油管内压力控制作业，具体技术参数见表3-7。

表3-7 大变径油管堵塞器技术参数

规格，mm	皮碗撑开外径，mm	密封压力，MPa	工作温度，℃	适应油管规格，mm	适应井别
$\phi 42 \times 1200$	$\phi 62 \sim 63$	30	≤90	$\phi 73$	油水井

5) 使用方法与注意事项

将钢丝压帽拧紧在大变径油管堵塞器接头上，匀速下井，到位后上提钢丝，大变径油管堵塞器上行弹性爪卡于油管连接处或配水器变径处，继续上提卡瓦牙张开，卡在油管内壁，同时压缩胶筒，当上提力达到350~380kgf时，堵塞器完全密封，先下放再上提丢手，将钢丝及丢手头提出，投第二个堵塞器时重复上述操作即可。

二、可打捞式油管内压力控制工具

1. 可回收式油管桥塞

1) 用途

可回收式油管桥塞适用于油、气、水井的带压配合拖动压裂、丢手更换油管主控阀门和带压堵塞油管等需要建立油管通道的工艺施工。

第三章 油管内压力控制工具及工艺

2)结构

可回收式油管桥塞主要由连接头、打捞颈、上中心杆、解封锥套、止退体、卡瓦牙总成、密封胶件等组成，具体组成如图 3-8 所示。

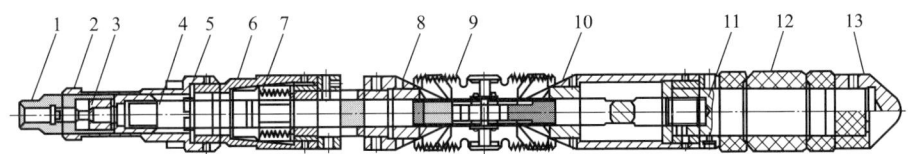

图 3-8 可回收式油管桥塞结构示意图

1—连接头；2—打捞颈；3—剪钉；4—上中心杆；5—剪环；6—解封锥套；7—止退体；8—上锥体；
9—卡瓦牙总成；10—下锥体；11—下中心杆；12—密封胶件；13—锁帽

3)工作原理

油管桥塞需要与相应的坐封工具配套。当连接头受到坐封工具产生的拉力时，上中心杆移动，使解封锥套下移至坐封位置，同时，带动下中心杆运动，依次引起剪环剪断、胶筒压缩、卡瓦牙总成扩张，进而使油管桥塞密封并锚定油管；随着坐封工具拉力的不断增加，剪钉被拉断，实现丢手。

在需要解封打捞油管桥塞时，向上震荡解封锥套，使其上移至解封位置，止退体与上中心杆上的止退螺纹脱离，密封胶筒在弹力作用下收缩并带动卡瓦牙总成脱离油管壁。

4)适用范围及技术参数

可回收式油管桥塞适用于油、气、水井的带压配合拖动压裂、丢手更换油管主控阀门和带压堵塞油管等需要建立油管通道的工艺施工，技术参数见表 3-8。

表 3-8 可回收式油管桥塞技术参数

桥塞规格 mm	坐封压力 MPa	密封油管内径		坐封压力 MPa	解封拉力 kN	工作温度 ℃
		最小，mm	最大，mm			
φ42	21	50	62	50	0.5	120
φ50		62	76			
φ60		62	76			

5)使用方法与注意事项

电缆作业将带有油管桥塞的坐封工具下入井内，当油管桥塞下井至预定深度时，地面控制坐封工具工作，使油管桥塞坐封并丢手。

打捞油管桥塞时,钢丝作业下入上击式卡瓦牙捞筒,捞获打捞颈,向上震荡卡瓦牙捞筒,使桥塞解封。

2. 双向卡瓦钢丝桥塞

1)用途

双向卡瓦钢丝桥塞不仅用于油、水、气井的油管堵塞,还可用于带压作业配合拖动压裂和带压丢手更换油管主控阀。

2)结构

双卡瓦牙钢丝桥塞主要由投放打捞颈、防顶卡瓦牙、密封胶筒、坐封(解封)弹簧、调节螺帽等部分构成,如图3-9所示。

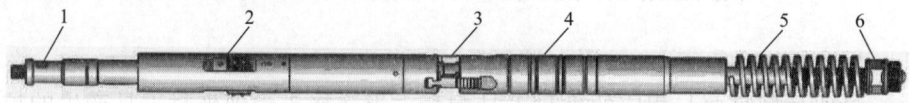

图3-9 双向卡瓦牙钢丝桥塞示意图

1—投放打捞颈;2—防掉卡瓦牙;3—防顶卡瓦牙;4—密封胶筒;5—坐封(解封)弹簧;6—调节螺帽

3)工作原理

采用钢丝作业将钢丝桥塞下入井内预定位置,上提钢丝利用惯力将丢手头甩开,坐封预紧弹簧打开;在弹簧弹力作用下,依次胀开防掉卡瓦牙、撑开防顶卡瓦牙、压缩密封胶筒,使堵塞器密封并锚定油管。

下钢丝桥塞

4)适用范围及技术参数

双向卡瓦钢丝桥塞适用于油、气、水井的油管内压力控制作业,具体技术参数见表3-9。

表3-9 双向卡瓦钢丝桥塞技术参数

外径,mm	坐封拉力,kg	密封压力,MPa	工作温度,℃	适应油管规格,mm	适应井别
φ39	≥300	≤21	≤120	φ50	油水气井
φ46	≥300	≤21	≤120	φ60	油水气井
φ57	≥300	≤21	≤120	φ73	油水气井
φ70	≥300	≤21	≤120	φ89	油水气井

5)使用方法与注意事项

(1)双卡瓦牙钢丝桥塞下井前需用大于桥塞3mm以上的通管规通管,保证桥塞可以顺利下到预计位置。

(2) 使用前后应在滑道上涂润滑脂，卡瓦牙必须完好且沿滑道滑动自如。

(3) 卡瓦牙不得有磨损、崩齿现象，使桥塞与管柱壁锁定牢靠，防止桥塞坐封后窜出。

(4) 根据下入深度选择合适钢丝，钢丝直径应不小于 2.8mm。

(5) 钢丝连接桥塞下到预计深度后上提钢丝上卡瓦牙工作卡住油管，继续上提钢丝提出中心杆，下卡瓦牙和密封胶筒工作实现卡住和密封油管。需要解除堵塞时，用钢丝连接专用打捞器，打捞，上提钢丝即可捞出。

3. 高性能油管桥塞

1) 用途

高性能油管桥塞适用于密封各种规格的油管，控制井内流体流量。

2) 结构

高性能油管桥塞由桥塞本体、锚定部分、解封部分和密封部分构成，如图 3-10 所示。

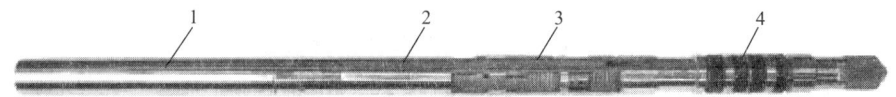

图 3-10　高性能油管桥塞结构示意图
1—桥塞本体；2—解封部分；3—锚定部分；4—密封部分

该类堵塞器具体由投送杆、打捞头、滑套、棘齿帽和楔块、卡瓦牙接头、胶筒等组成。高性能油管桥塞的组件及组装顺序如图 3-11 所示。

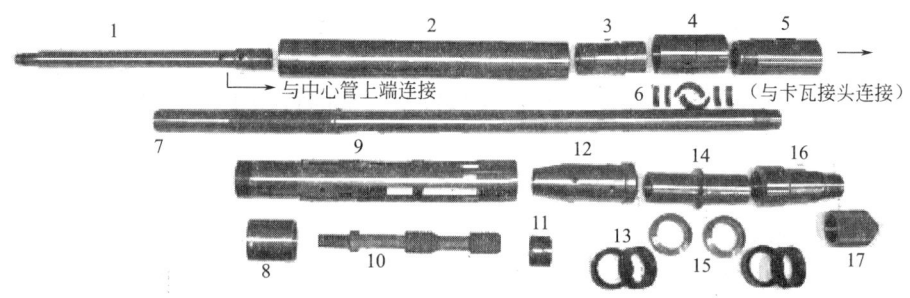

图 3-11　高性能油管桥塞组件及组装顺序图
1—投送杆；2—打捞头；3—滑套；4—滑套外壳；5—楔形支撑接头；6—棘齿帽和楔块；7—中心管；
8—卡瓦牙接头套；9—卡瓦牙接头和上坡道；10—坡道；11—卡瓦牙弹簧；12—卡瓦牙坡道；
13—胶筒（4个）；14—胶筒中心管；15—胶筒隔环；16—下接头；17—护帽

3）工作原理

高性能油管桥塞与配套的电缆坐封工具配合使用。电缆作业将油管桥塞下放至井内预定位置，启动地面点火装置，坐封工具工作，对投送杆产生一个上提拉力。当投送杆受到的上提拉力大于销钉的剪切强度时，坐封销钉被剪断。在坐封工具带动下，上卡瓦牙和光滑卡瓦牙被上、下坡道撑开，将油管桥塞锚定在油管内壁。中心管继续上行，密封胶皮被压缩胀开，密封油管。坐封工具的拉力不断增大，剪切筒被拉断，投送工具与桥塞分离。投送杆丢开中心管后，棘齿通过中心杆上的脊状棘齿阻止中心杆下移，保持桥塞始终处于坐封状态。钢丝作业下入下击脱手的内打捞工具，捞获打捞头。上击打捞工具，剪断解封销钉，滑套相对滑套外壳上行，棘齿和楔块移开中心杆的脊状棘齿，中心杆下移，密封胶皮和卡瓦牙依次收缩，桥塞解封。

4）适用范围及技术参数

高性能油管桥塞适用于油、气、水井的油管内压力控制，具体技术参数见表3-10。

表3-10 高性能油管桥塞的技术参数

外径，mm	坐封拉力，kN	密封压力，MPa	工作温度，℃	适应油管规格，mm	适应井别
φ44.45				φ60	油、水、气井
φ55.88	60	70	≤120	φ73	油、水、气井
φ69.088				φ89	油、水、气井

5）使用方法与注意事项

（1）坐封油管桥塞：

① 将投送杆和剪切筒连接，并上紧。

② 把剪切筒在下部的投送杆插入到桥塞顶部的打捞头内，与中心管螺纹连接。

③ 连接电缆配套下井工具和电缆坐封工具。

④ 安装防喷管。

⑤ 平衡防喷管与油管压力，打开井口阀门，以不超过4500m/h的速度将油管桥塞下井。

⑥ 核实桥塞在井下具体位置，使其避开油管接箍。

⑦ 启动点火装置，坐封工具将在5s至5min时间内完成工作，油管桥塞坐封并丢手。

⑧ 上提电缆10~20m后，下放投送工具，张力降低0.2kN，确定桥塞坐

封位置。

⑨ 泄压验封，起出坐封工具。

（2）打捞油管桥塞：

① 钢丝作业下入适当规格的内打捞工具至桥塞打捞头 10~20m。

② 平衡油套压力后，下放钢丝，使打捞工具进入打捞头。

③ 用震击器震断滑套上的剪切铜钉，向上震击 5~10 次，滑套会进入到释放位置，此时工具解锁。

④ 继续向上震击以便锚牙回缩入锚牙腔，胶筒上接头锚牙回缩后胶筒收缩。

⑤ 当观察到向上稍有移动后，刹车等 1~2h，等待胶筒回缩到芯轴位置。

⑥ 以 3600m/h 的速度上提工具，将桥塞提出井口。

⑦ 若上提工具过程中，桥塞在接箍等处遇卡，应缓慢上体钢丝，避免胶筒翻转；如果上提不动，可向下震击，使打捞工具脱离桥塞的打捞头。

4. 工作筒堵塞器

1）用途

工作筒堵塞器适用于在井下管柱中预装工作筒或循环滑套的油、气井。采用钢丝作业将堵塞器总成投放到井下预置的工作筒内，进行油管内压力控制。

2）结构

工作筒堵塞器由锁紧芯轴和堵塞芯轴两部分构成。其中，堵塞芯轴插入锁紧芯轴中，如图 3-12 所示。

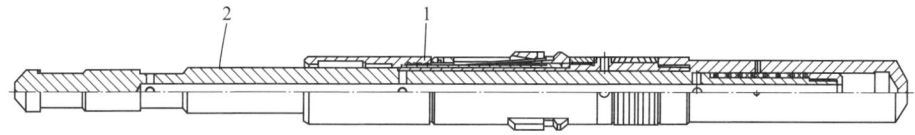

图 3-12　工作筒堵塞器整体结构示意图
1—锁紧芯轴；2—堵塞芯轴

锁紧芯轴自上而下主要由打捞颈、异形弹簧片、键块、密封填料等组成，具体组件如图 3-13 所示。

堵塞芯轴为一圆柱形插杆，由打捞颈、密封圈、插杆帽等组成，如图 3-14 所示。

3）工作原理

工作筒堵塞器用于钢丝作业，将堵塞器总成投放到井下预置的工作筒内，进行油管内压力控制。

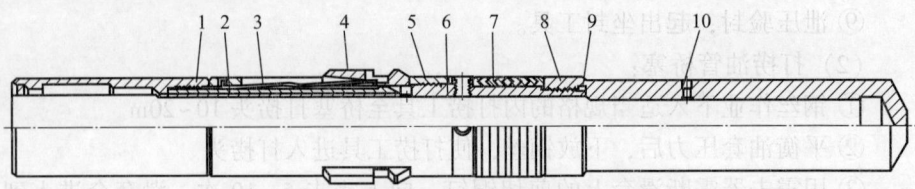

图 3-13 堵塞器锁紧芯轴结构示意图

1—打捞颈；2—膨胀套；3—异形弹簧片；4—键块；5—套罩；6—密封填料衬套；7—密封填料；
8—下接头；9—密封圈；10—旁通孔

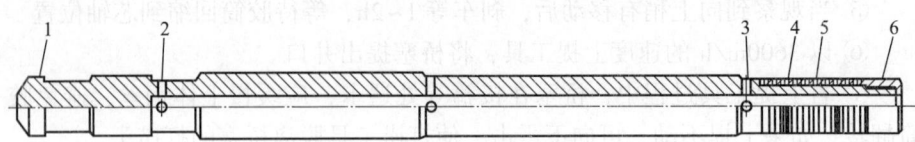

图 3-14 堵塞芯轴结构示意图

1—打捞颈；2,3—压力平衡孔；4—密封圈；5—隔环；6—插杆护帽

4）适用范围及技术参数

工作筒堵塞器适用于在井下管柱中预装工作筒或循环滑套的油、气井，具体技术参数见表 3-11。

表 3-11 工作筒堵塞器技术参数

规格，mm	芯轴鱼腔规格，mm	芯轴鱼顶规格，mm	承压级别，MPa	适用油管，mm
ϕ47.625	ϕ35.052			ϕ60
ϕ58.75	ϕ45.974	ϕ34.925	70	ϕ73
ϕ69.85	ϕ58.674			ϕ89
ϕ71.45	ϕ58.674			ϕ89

5）使用方法与注意事项

锁紧芯轴在下井前，回收颈和膨胀套处于上行运动位置，异形弹簧带动键块收拢缩回套罩中。当锁紧芯轴随钢丝作业下入到井下预定沟槽位置时，回收颈和膨胀套下行，挤压键块向外膨胀，键块凸出的外圆表面锁在工作筒的键槽内。当锁紧芯轴处于锁紧状态后，向下插入堵塞芯轴，使插杆隔环正好位于锁紧芯轴的旁通孔处，插杆隔环上下方的一组密封圈密封锁紧芯轴的旁通孔，实现封堵功能。回收时，先起出堵塞芯轴，打开锁紧芯轴的旁通孔，平衡压力后，上提回收颈、膨胀套，带动键块缩回、解锁。

三、预置式油管内压力控制工具

1. 管式泵泵下定压滑套

1）用途

管式泵泵下定压滑套适用于油井带压下泵作业过程中密封管式泵以上的管柱。

2）结构

管式泵泵下定压滑套由支撑连杆、滑套体等组成,如图3-15所示。

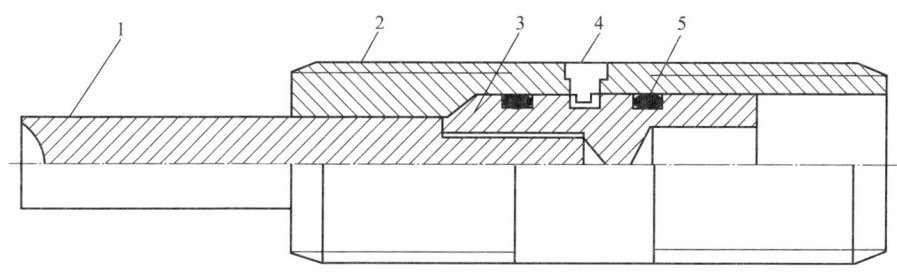

图3-15 管式泵泵下定压滑套结构示意图
1—支撑连杆;2—滑套;3—滑套体;4—剪断销钉;5—O形密封圈

3）工作原理

泵下定压滑套在下井前,上端与管式抽油泵连接,并通过调节支撑连杆的支撑长度将固定阀支撑离开阀座,形成油管向泵下的压力传递通道;定压滑套的下端通过油管接箍与泵下尾管连接。在抽油泵下井过程中,由于定压滑套的滑套体的密封作用,阻止井内流体从油管喷出,确保下泵过程的井控安全。在抽油泵的活塞进入泵筒前,油管打压8MPa,剪断销钉剪断,滑套体连同支撑连杆掉入泵下的尾管内,形成生产通道;失去支撑的固定阀落到阀座上,使抽油泵处于工作状态。

4）适用范围及技术参数

管式泵泵下定压滑套适用于油井带压下泵作业过程中密封管式泵以上的管柱,可不改变抽油泵的结构,确保固定阀密封,技术参数见表3-12。

表3-12 管式泵泵下定压滑套技术参数

规格,mm,	连杆规格,mm	滑套规格,mm	承压级别,MPa	油管规格,mm
φ73	φ25	φ50	70	φ73

5) 使用方法与注意事项

(1) 在下泵前,应对尾管进行通管,确保滑套体能落入尾管内。

(2) 调节支撑连杆的支撑长度,确保固定阀离开阀座。

(3) 设置剪断销钉的剪断压力应小于8MPa,避免工作压力过高造成泵管柱脱落。

(4) 稠油井慎用泵下定压滑套。

2. 泵下笔式开关

1) 用途

泵下笔式开关主要用于油井带压下泵施工。在下泵施工时,将其连接在抽油泵的底部,既有泵下阀的功能,又可完成管柱内部堵塞。

2) 结构

泵下笔式开关主要由上接头、泄压阀、主体、阀球、阀座、销钉、中心管、外套、弹簧、下接头等部件组成,如图3-16所示。

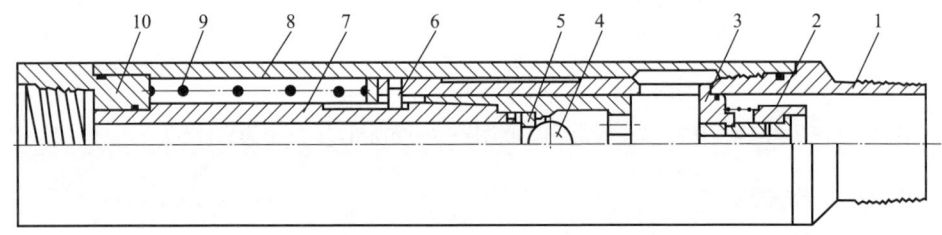

图3-16 泵下笔式开关结构图
1—上接头;2—泄压阀;3—主体;4—阀球;5—阀座;6—销钉;
7—中心管;8—外套;9—弹簧;10—下接头

3) 工作原理

销钉在中心管轨道长槽的上端位置,主体在弹簧和井内压力作用下,开关处于关闭状态。当销钉位于短轨道时,在弹簧推力的作用下开关被打开。

4) 适用范围及技术参数

泵下笔式开关适用于ϕ56mm及以下管式泵抽油井的带压作业,具体技术参数见表3-13。

表3-13 管式泵泵下笔式开关技术参数

规格,mm	承压级别,MPa	工作温度,℃	油管规格,mm
ϕ73	70	120	ϕ73

第三章 油管内压力控制工具及工艺

5）使用方法与注意事项

在下泵前，卸下泵上原来的固定阀，将泵下笔式开关安装在泵筒下面。下泵作业时，开关处于关闭状态，销钉在中心管轨道长槽的上端位置，主体在弹簧和井内压力作用下，密封压力通道。下抽油杆调防冲距时，碰泵下压泄压阀，打开泄压孔，泄掉球阀与主体之间腔内的压力，同时，主体下行，销钉沿轨道下行至下死点；当上提柱塞时，主体在弹簧推力的作用下上行，销钉通过换向进入轨道短槽上行至上死点，开关被打开。与此同时泄压孔关闭，开关内的阀作为泵的固定阀工作。检泵作业时，碰泵后起抽油杆，这时销钉由轨道的短槽通过换向后进入轨道长槽上端，又一次关闭油流通道，从而实现带压起抽油杆和油管。

3. 预置工作筒

1）用途

预置工作筒是连接在井下生产管柱上的一种辅助性完井工具，不能孤立工作，可与配套的下井堵塞器配合，为油管内压力控制工具提供锁定的台阶和密封工作段。

2）结构

预置工作筒主要是由锁定台阶、密封段等组成，如图3-17所示。

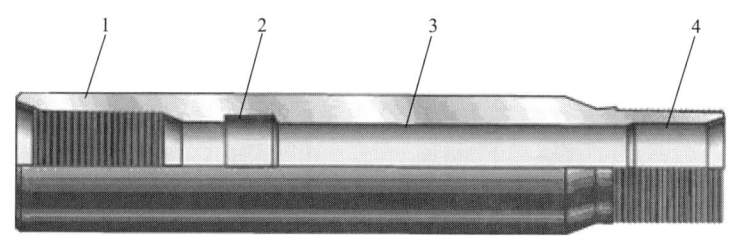

图3-17 预置工作筒内部结构示意图
1—上接头；2—锁定台阶；3—密封段；4—下接头

3）工作筒类型

（1）依据工作筒内部键槽数量分为 M 型、X 型和 R 型三种类型。

M 型只用一个键槽，X 型有两个键槽，R 型有三个键槽，带"N"表示不可通过式（No-go），如图3-18所示。R 型工作筒的壁厚比 X 型厚，因此 R 型工作筒用于厚壁油管，而 X 型工作筒适应于标准油管。

（2）按工作筒定位方式分为选择型和非通过型两种类型。

选择型工作筒特点是键槽为90°，且工作筒内径一致，没有缩径部分

[图3-19(a)]，同一规格的坐入工具可以通过它。因此，在同一井下管柱上可以下入多级同一规格的工作筒。

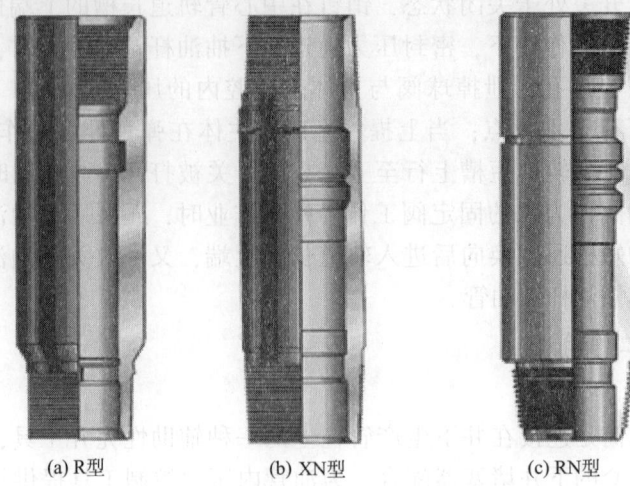

(a) R型　　　(b) XN型　　　(c) RN型

图3-18　非通过型工作筒结构示意图

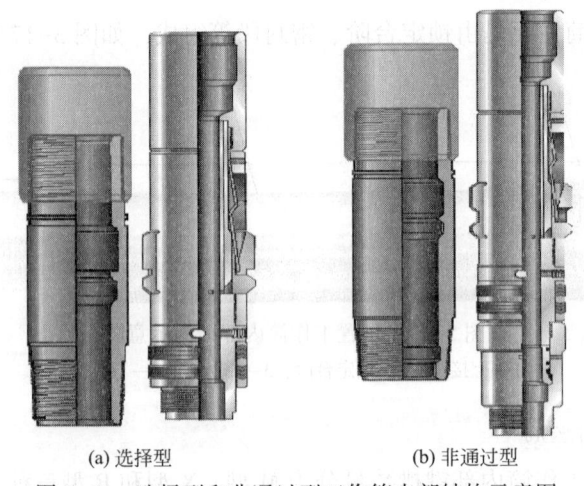

(a) 选择型　　　　　　(b) 非通过型

图3-19　选择型和非通过型工作筒内部结构示意图

非通过型工作筒的键槽为45°，且上、下部位的内径不一致，存在缩径部分。同一规格的工具通不过其缩径部位，可以防止工具落井，如图3-19(b)所示。因此，在下井管柱中，只能下一个非通过型工作筒，作为单级接头或多级通过型接头的最后一级接头。

第三章 油管内压力控制工具及工艺

4) 技术参数

X 型和 R 型工作筒技术参数见表 3-14。

表 3-14 X 型和 R 型工作筒技术参数

油管规格 mm	外径,mm		密封孔径,mm		止过内径,mm		承压级别,MPa	
	X 型	R 型	X 型	R 型	XN 型	RN 型	X 型	R 型
ϕ48	ϕ55.9	ϕ63.5	ϕ38	ϕ34.9	ϕ36.7	ϕ31.7	70	105
ϕ60	ϕ69.8	ϕ77.8	ϕ45.4	ϕ43.4	ϕ45.4	ϕ39.6		
ϕ73	ϕ83.8	ϕ93.7	ϕ58.7	ϕ53.9	ϕ56	ϕ49.1		
ϕ89	ϕ101.6	ϕ114	ϕ69.8	ϕ65	ϕ66.9	59.1		

5) 使用方法与注意事项

（1）选取的工作筒规格和扣型应与下井油管规格和扣型一致。

（2）按设计要求，随完井管柱下入井内。

（3）需要进行油管内压力控制作业时，钢丝作业下入与之匹配的工作筒堵塞器。

4. 井下控制开关

1) 用途

井下控制开关是解决带压作业防止管柱内喷的一个措施工具，用于油、水、气井完井使用。

2) 结构

井下控制开关是由上接头、换向体、闸板座、扭簧、闸板、下接头组成，如图 3-20 所示。

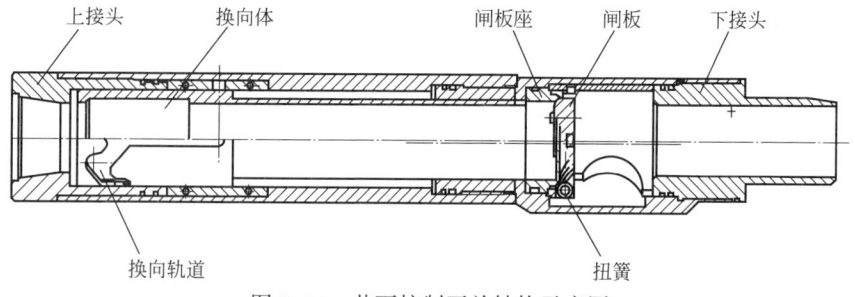

图 3-20 井下控制开关结构示意图

3) 工作原理

当换向销钉位于换向轨道的长轨道时，在弹簧作用下，换向体上移，使其下端位于闸板上部,闸板在扭簧作用下关闭。

下入井下开关工具,在井下开关工具重力作用下,换向体下移,使其下端通过闸板,进而打开闸板;此时,换向销钉位于换向轨道的短轨道,换向销钉将阻止换向体上移,使闸板始终位于开的状态。

4）适用范围及技术参数

井下控制开关适应于油、水、气井完井管柱的油管内压力控制作业,具体技术参数见表3-15。

表3-15　井下控制开关技术参数

规格,mm	密封压力,MPa	工作温度,℃	适应油管规格,mm	适应井别
φ114	70	≤120	φ73	油、水、气井

5）使用方法与注意事项

（1）下井前换向销钉在长滑道内,闸板处于关闭状态;下井前应检查各零部件是否装好,闸板件的密封面有磕碰或锈蚀严重则应更换新件。

（2）下井前应进行压力密封试验,试验合格方能下井。

（3）将该井下控制开关直接连接在完井管柱尾部。

（4）完井后,钢丝作业下入开关工具,进行开关操作。

5. 破裂盘堵头

1）用途

破裂盘堵头安装在井下封隔器下部或油管柱的尾部,用于油、气、水井带压作业完井管柱的油管内压力控制。

2）结构

根据破裂盘数量的不同,破裂盘堵头分为单级破裂盘堵头和双级破裂盘堵头两种。

单级破裂盘堵头如图3-21所示,双级破裂盘堵头如图3-22所示。

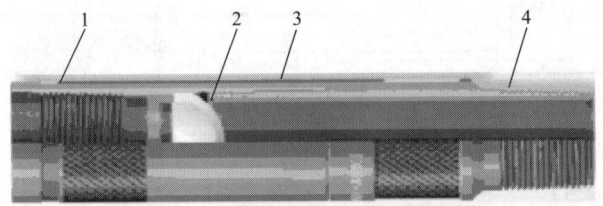

图3-21　单级破裂盘堵头结构示意图
1—上接头；2—破裂盘；3—破裂盘外壳；4—下接头

第三章 油管内压力控制工具及工艺

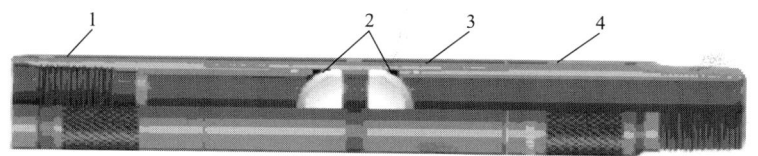

图 3-22 双级破裂盘堵头结构示意图
1—上接头；2—破裂盘；3—破裂盘外壳；4—下接头

3）工作原理

单级破裂盘堵头内部只安装有一个凸面向下的破裂盘，如图 3-21 所示。这种结构决定破裂盘凸面可以承受井内 70MPa 的压力，但不能承受其上部压力作用或尖状物体对凹面的冲击力。当破裂盘上下压差达到 6.9MPa 时，或者受到尖状物体对凹面底部冲击时，破裂盘就会发生破裂。

双级破裂盘堵头的内部安装有凸面向背的两个破裂盘（图 3-22），两个破裂盘之间的距离为 12.7mm，破裂盘最薄面到凸面顶部距离范围是 50.8～76.2mm。由于球冠状破裂盘的凸面具有分解正压力的作用，双级破裂盘堵头其上、下均可以承受 70MPa 的高压作用。当在凸面顶部受到专用冲击工具冲击时，由于应力集中，使破裂盘破碎。

4）技术参数

破裂盘技术参数见表 3-16。

表 3-16 破裂盘技术参数

油管规格 mm	外径，mm		工具内径，mm		底部承压，MPa		顶部承压，MPa	
	单级	双级	单级	双级	单级	双级	单级	双级
φ31.8	φ52.3	φ52.3	φ35.1	φ35.1	69	69	6.9	69
φ52.4	φ59.1	φ59.1	φ42.5	φ42.5				
φ60.3	φ77.7	φ77.7	φ49.4	φ49.4				
φ73	φ93.2	φ93.2	φ62	φ62				
φ88.9	φ108	φ108	φ76	φ76				
φ114.3	φ146	φ146	φ101.6	φ101.6				
φ139.7	φ165.1	φ165.1	φ124.3	φ124.3				
φ177.8	φ209.6	φ209.6	φ161.7	φ161.7				

5）使用方法与注意事项

（1）破裂盘堵头安装在井下封隔器下部或油管柱的尾部。

（2）下入指定位置后，在油管打压使单级破裂盘上下压差大于 6.9MPa，或冲击单级破裂盘，使破裂盘破碎；钢丝作业下入重锤使双级破裂盘破碎。

四、其他油管内压力控制工具

1. 鱼顶堵塞器

1) 用途

鱼顶堵塞器适用于油水井的打捞油管作业和分段油管内压力控制作业。

2) 结构

鱼顶堵塞器主要由滑套引鞋、分瓣捞矛总成和密封胶件等组成，具体结构如图 3-23 所示。

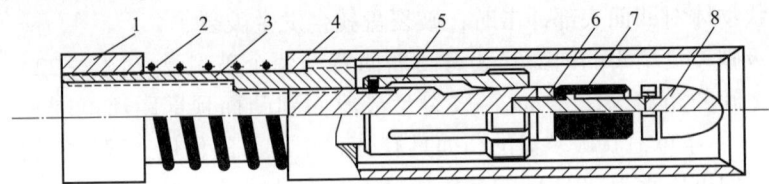

图 3-23　鱼顶堵塞器结构示意图

1—调节压帽；2—弹簧；3—芯轴；4—滑套引鞋；5—分瓣捞矛总成；
6—皮碗压盖；7—皮碗；8—导锥

3) 工作原理

下井前，调节弹簧的弹力，将 $\phi 73mm$ 油管与鱼顶堵塞器连接。在分瓣捞矛总成进入油管接箍前，卡瓦牙自由外径小于油管接箍最大内经。下井遇阻后，对 $\phi 73mm$ 油管加压，滑动引鞋将油管接箍引进引鞋内，捞矛卡瓦牙进入接箍；在下压力作用下，卡瓦牙相对上行，抵住芯轴，迫使卡瓦牙内缩。此时，上提 $\phi 73mm$ 油管，捞矛下端锥体将卡瓦牙胀开，卡瓦牙下端的螺纹则与接箍内螺纹对扣。继续上提油管，分瓣捞矛的卡瓦牙咬紧油管接箍，阻止卡瓦牙退出，从而实现打捞。将油管接箍起出井口时，在井口压差作用下，堵塞器皮碗胀开，实现油管堵塞。

4) 适用范围及技术参数

鱼顶堵塞器用于油水井分段油管内压力控制或井下打捞作业，具体技术参数见表 3-17。

表 3-17　鱼顶堵塞器技术参数

规格，mm	滑动引鞋内径，mm	承受最大拉力，kN	密封压力，MPa	适应油管规格，mm	适应井别
$\phi 118$	$\phi 93$	550	21	$\phi 73$	油水井

第三章 油管内压力控制工具及工艺

5）使用方法与注意事项

（1）下井前，应更换皮碗，确保密封可靠。

（2）分瓣捞矛的卡瓦牙规格必须与打捞的油管接箍规格匹配。

（3）打捞的油管上部应保持规格，不应有钢丝、抽油杆等落物。

（4）适用于油管变形、油管内结垢、工具内径较小等油管堵塞器（油管桥塞）无法下入情况下的分段油管内压力控制。

（5）其缺点是在进行分段油管内压力控制时需要闸板防喷器配合，施工效率低。

2. 强制复位式回压阀

1）用途

强制复位式回压阀主要用于油、水、气井带压通井、刮套、打捞、打印、冲砂、套磨铣等施工工序，作为管柱内防喷工具。

2）结构

强制复位式回压阀主要由接头、挡圈、锁紧螺母、压帽、O形密封圈、密封套、上密封垫、下密封垫、阀体、弹簧、弹簧座等部件构成，如图3-24所示。

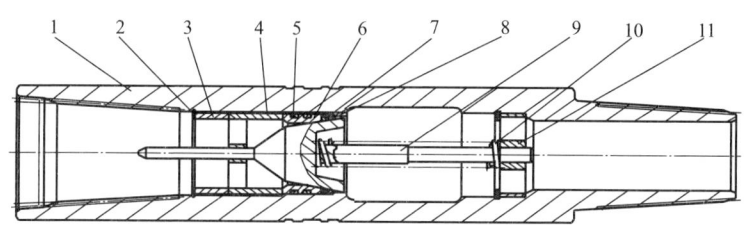

图3-24 强制复位式回压阀结构图

1—接头；2—挡圈；3—锁紧螺母；4—压帽；5—O形密封圈；6—密封套；7—上密封垫；8—下密封垫；9—阀体；10—弹簧；11—弹簧座

3）工作原理

强制复位式回压阀一般是连接在管柱尾部工具与管柱之间所需要的部位，是一种常闭型锥形阀，安装后处于关闭状态。在施工过程中入井液通过密封套内孔推开阀体向下供液，当井下发生井涌、井喷时，井下压力推动阀体向上运动将密封垫锥面紧紧封住，防止钻井液在钻具内向井上喷出。采用常闭型的结构使得地层压力略大于钻井液的压力阀体即可关闭，最大限度地避免了井涌的发生。

4）技术参数

强制复位式回压阀技术参数见表3-18。

表 3-18 强制复位式回压阀技术参数

规格，mm	开启压力，MPa	密封压力，MPa	工作温度，℃	适应油管规格，mm	适应井别
φ90	≥5	35	≤120	φ60	油、水、气井
φ105	≥5	35	≤120	φ73	油、水、气井
φ125	≥5	35	≤120	φ89	油、水、气井
φ150	≥5	35	≤120	φ114	油、水、气井

5）使用方法与注意事项

（1）下井前应检查各零部件是否装好，密封件的锥面有磕碰或锈蚀严重则应更换新件，件体应无卡阻。各密封件应完好无损。

（2）下井前应进行压力密封试验，试验合格方能下井。使用前后应在滑道上涂润滑脂。

（3）该工具应紧扣后下井。

（4）该工具每次使用完后应进行拆卸清洗，检查更换损坏的零件并重新组装，O形密封圈要更换新的。

（5）组装完毕后的工具应放置在通风良好、阴干处妥善保管。

3. 反循环液控阀

1）用途

反循环液控阀是油水井带压作业时管柱的内防喷工具，是连接在下井管柱与工具之间防止管柱内喷的一个措施工具，根据工艺需要可以多次打开和关闭。

2）结构

反循环液控阀是由上接头、压帽、阀座、阀芯、螺钉、活塞、凸轮、限位螺钉、减摩片、弹簧、下接头、阀芯体、O形密封圈、Y形密封圈构成，如图3-25所示。

3）工作原理

反循环液控阀是一种液控式单向阀，开启或关闭的动力利用现场的钻井泵通过排量的大小来控制。换向机械采用现在成功的凸轮加弹簧机构来实现。在下井前装在钻铣工具的上面，阀芯是处于关闭的状态，需要作业时首先正打压将阀芯打开，停泵，阀芯即处于打开的状态，作业时钻井液从环空经钻头水眼

第三章 油管内压力控制工具及工艺

流入反循环液控阀活塞的内孔,通过活塞内孔再流入钻具的水眼直至地面。当需要接单根时再次正打压将阀芯关闭,停泵,阀芯即处于关闭的状态,防止井下的压力液上涌,接完单根后在继续作业之前再次正打压将阀芯打开。

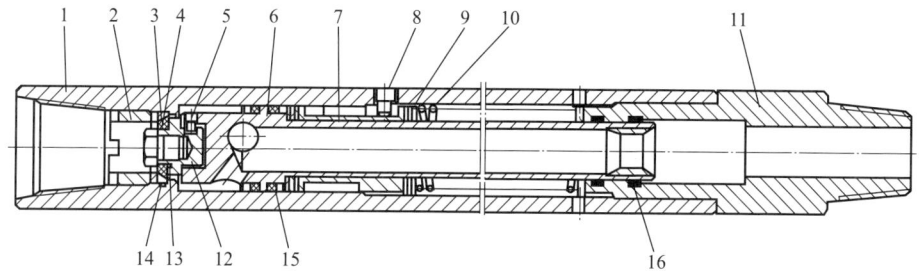

图 3-25 反循环液控阀结构图

1—上接头;2—压帽;3—阀座;4—阀芯;5—螺钉;6—活塞;7—凸轮;8—限位螺钉;9—减摩片;10—弹簧;11—下接头;12—阀芯体;13,14—O 形密封圈;15,16—Y 形密封圈

4) 技术参数

反循环液控阀技术参数见表 3-19。

表 3-19 反循环液控阀技术参数

规格,mm	开启、关闭压力,MPa	密封压力,MPa	工作温度,℃	适应油管规格,mm	适应井别
$\phi 90$	≥5	35	≤120	$\phi 73$	油、水、气井
$\phi 105$	≥5	35	≤120	$\phi 89$	油、水、气井

5) 使用方法与注意事项

(1) 下井前阀芯应处于关闭状态;下井前应检查各零部件是否安装好,件体应无卡阻,各密封件应完好无损。密封件的锥面有磕碰或锈蚀严重则应更换新件。

(2) 下井前应进行压力密封试验,试验合格方能下井。

(3) 将该阀直接接在钻铣工具的上面,该工具应紧扣后下井。

(4) 当下入到预定深度后正向打压,此时要求环空是敞开状态。在打开的压力下保持 1min 左右即可停泵。该工具每次使用完后应进行拆卸清洗,检查更换损坏的零件,O 形密封圈要更换新的。

(5) 当要接单根时再次正向打压,将阀关闭;组装完毕后的工具应放置在通风良好、阴干处妥善保管。

(6) 每次阀芯的打开或关闭都要重复上述的操作。

4. 油管桥塞坐封工具

1) 用途

油管桥塞坐封工具是一种辅助工具,是在一定的气压作用下工作,带动油管桥塞坐封并实现丢手的下井工具。

2) 结构

该工具主要由高压储气瓶、多级液缸和调节筒等组成,如图3-26所示。

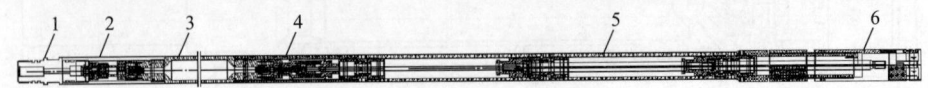

图3-26 油管桥塞结构示意图

1—上接头；2—单流阀；3—高压储气瓶；4—电热阀；5—液缸；6—调节筒

3) 工作原理

储气瓶内预存的高压气体沿导流伸缩管进入到各级液缸的活塞下部时,高压气体推动活塞向上运动,各级液缸形成的合力将带动油管桥塞工作。

4) 适用范围及技术参数

油管桥塞坐封工具适用于钢丝作业和电缆作业,用于油、气、水井油管内压力控制,具体技术参数见表3-20。

表3-20 油管桥塞坐封工具技术参数

规格,mm	储气瓶额定压力,MPa	工作电压,V	最大坐封行程,mm	额定坐封拉力,kN
φ42	70	24	210	8
φ58			180	12

5) 使用方法与注意事项

(1) 地面向储气瓶充气不低于21MPa。

(2) 按自上而下的顺序依次连接电缆头（钢丝绳帽）、旋转短节（数量和位置依据井况而定）、加重杆（数量由井压确定）、柔性短节（具体位置和数量根据井身结构确定）、电池组、定时开关、坐封工具、油管桥塞。

(3) 电缆或钢丝作业,将油管桥塞下井至预定深度,向井下电热阀供电30~50s后,电热阀打开,高压气体驱动坐封工具工作,完成油管桥塞坐封。

五、油管内压力控制工具选取原则

前面已对油管内压力控制工具的设置数量、压力级别、温度与材质、检

第三章　油管内压力控制工具及工艺

验和验证、监控等方面做了原则要求。要求选取的油管内压力控制工具既能"下得去",又能"封得严"和"锁得住",在某些情况下还要求"取得出"。

所谓"下得去",是指选取的油管内压力控制工具外径与油管内径(或套管内径)匹配,确保能用一定的工艺、方法将油管内压力控制工具输送到井内预定位置。

"封得严"是指在井下的油管内压力控制工具工作后,其密封机构的性能不受井内温度和流体性质影响,在带压作业过程中能够始终保持密封状态。

"锁得住"是指选取的油管内压力控制工具的锁定机构的机械性能不受井内温度和流体性质影响,其强度能承受井内高压作用,使油管内压力控制工具工作后,锁定机构与油管内壁始终牢固结合,保证带压作业过程中不"飞出"。

"取得出"就是解堵,为实现油、气、水井生产和某些工艺(如冲砂)的要求,在带压作业后或带压作业过程中能够解除油管内压力控制工具的密封性能,建立生产和工艺的压力通道。

1. 原井管柱的油管内压力控制工具选取原则

(1) 油管内压力控制工具选取应考虑采油(气)树和井下管柱通径、井下管柱结构、井内流体性质、井内温度和井内压力等因素。

(2) 堵塞器或油管桥塞的最大外径至少要比采油(气)树通径和井下油管内径二者之间最小值小 2~3mm,保证能将油管投放至井内管柱预定位置。

(3) 井下管柱带有预置工作筒且完好情况下,优先选取与工作筒匹配的工作筒堵塞器。

(4) 封堵分层注水管柱和定点压裂管柱,油管内压力控制工具尽可能使用能通过偏心配水器或喷砂器的小直径油管桥塞或油管堵塞器,实现全井段的油管密封。例如,可使用单向震击钢丝堵塞器、$\phi 42mm$ 可回收式油管桥塞、$\phi 44.45mm$ 电缆桥塞、大变径油管堵塞器、过封隔器内孔堵塞工具等类型的油管内压力控制工具。

(5) 封堵带有封隔器的管柱,尽量使用可回收式油管桥塞、双向卡瓦牙钢丝桥塞等可实现打捞的油管内压力控制工具,防止管柱卡井后无法建立压力通道,为后续工作和生产造成困难。

2. 工作管柱的油管内压力控制工具选取原则

工作管柱包括通井(刮削)、冲砂、打捞、钻磨(铣)、酸化(压裂)等井筒清理、井筒修理和增产措施的施工管柱。

(1) 由于工作管柱是在带压作业过程中下入井内的施工管柱,应优选预置类油管内压力控制工具，如井下控制开关、工作筒等。下入预置类油管内压力控制工具的外径应小于套管内径4~6mm。

（2）没有通径要求的工作管柱（如冲砂、通井等），宜选取井下控制开关、单流阀等油管内压力控制工具。

（3）有通径要求的工作管柱（如压裂、酸化、反冲砂等），可选取可回收类的油管内压力控制工具。

3.完井管柱的油管内压力控制工具选取原则

完井过程中，选取的油管内压力控制工具最好在不形成井下落物的条件下使用，保证完井后能建立生产通道。

具体的油管内压力控制工具选取要考虑管柱结构和后续生产的井控需求：

（1）分层注水管柱可选取双向阀作为油管尾部的压力控制工具。

（2）泵管柱可选取泵下定压滑套、笔式开关、井下控制开关等油管内压力控制工具。

（3）喇叭口管柱可在管柱尾部安装可回收式油管桥塞、破裂盘、井下控制开关、双向钢丝桥塞等油管内压力控制工具。

（4）下入的可回收类油管内压力控制工具外径应小于其上部井下工具或采油（气）树的最小通径3mm以上，保证在完井后能将油管内压力控制工具取出。

第三节　油管内压力控制工艺

针对不同井型、井别、井内流体性质、井下管柱结构和带压作业工艺技术要求，选取的油管内压力控制工艺也不同。本节重点介绍不同情况下油管内压力控制的方法。

带压作业的油管内压力控制过程包括"事前控制""事中控制"和"事后控制"三个阶段。

"事前控制"是指在带压作业施工前利用物理或化学方法阻断井内压力在管柱（包括原井管柱、工作管柱和完井管柱）内传递的通道，保证作业过程不发生井喷事故。物理法油管内压力控制工艺是指利用机械性能或井内流体相变来隔断管柱压力通道的一种油管内压力控制工艺技术，包括机械堵塞、

第三章　油管内压力控制工具及工艺

冷冻暂堵等。化学法油管内压力控制工艺是利用不同物质之间化学反应产物的相态变化来进行油管内压力控制的一种工艺技术，包括液体桥塞堵塞和注灰封堵的工艺。

"事中控制"是指在带压作业过程中，因井下客观因素影响不能控制全井的管柱内部压力的前提下，利用一定的工艺手段控制井内流体在作业过程中不从油管喷出的一项措施，是"事前控制"的补充手段。

"事后控制"是指在带压作业过程中发生油管内压力控制失效需要进行的应急措施，也就是抢险工作。

本节重点介绍"事前控制"和"事中控制"两种工艺技术，"事后控制"在后续章节中叙述。

一、"事前控制"工艺

"事前控制"包括原井管柱内的压力控制、工作管柱内的压力控制和完井管柱内的压力控制。

工作管柱和完井生产管柱的内部压力控制工艺采取预置方式将油管内压力控制工具随管柱入井；原井管柱内的压力控制，依据油管内压力控制工具和不同的井型、井别、井下管柱结构及井下管柱通径，选取的工艺不同，一般分为重力投送法、泵注法、钢丝作业和电缆作业四种方式。

1. 重力投送法

重力投送法是在静压状态下，油管内压力控制工具依靠自身的重力克服井内流体阻力和油管内壁的摩擦力，自动下行至井下管柱内遇阻位置，并通过井内压力实现油管内压力控制工具坐封的一种油管内压力控制工艺。重力投送法具有不需其他设备配合、操作方便、作业成本低的特点，但坐封位置无法预判，无法进行全井段封堵。

适合于重力投送的油管内压力控制工具有：滑块式油管堵塞器、智能式油管堵塞器和撞击定位偏心配水器堵塞器。重力投送法适用于泵管柱、分层注水的油水井原井管柱封堵，不适合光管柱结构的井、天然气井和定向井使用。

重力投送法油管内压力控制工艺必须同时满足以下三个条件：

（1）在井口必须建立一个密闭的静压环境，井口不能存在刺漏现象，保证油管内压力控制工具顺利下井。

（2）油管内压力控制工具外径小于油管和井口内通径，并且井下管柱存在有缩径部分，确保油管内压力控制工具能在井下管柱内遇阻，避免形成井下落物。

（3）井内压力能满足油管内压力控制工具的坐封条件，如皮碗类密封胶件的自封条件、压力坐封销钉剪断条件等。

重力投送法油管内压力控制工艺流程如下：

（1）地面组装油管内压力控制工具，检查密封机构和锁定机构的组件灵活、无损。

（2）关闭采油树主控阀，在采油树上安装压力等级不低于井口压力、内径和长度均大于油管内压力控制工具几何参数的防喷管。

（3）在防喷管内灌满清水后，将油管内压力控制工具放入防喷管。

（4）在防喷管上部安装量程不低于防喷管压力等级的压力表。

（5）缓慢打开采油树主控阀，油管内压力控制工具下行通过井口。

（6）等待30min后，打开采油树放空阀泄压，如井口无溢流，证明油管内压力控制可靠，否则，需要分析原因，制订方案。

2. 泵注法

泵注法油管内压力控制工艺是指利用泵车的流量将油管内压力控制工具或化学封堵的物质顶替到井下管柱的预定位置，并在井内压力或时间作用下封堵油管压力通道。

适合泵注法油管内压力控制工艺的油管内压力控制工具和材料有：清垢式油管堵塞器、液体桥塞、水泥灰浆、冷冻剂。其中，清垢式油管堵塞器只适应于分层注水井；冷冻剂用于油管（井筒）冷冻暂堵，适用于油、气、水井；液体桥塞和水泥灰浆用于油管（井筒）的封堵，适用于油、气、水井。

3. 钢丝作业

钢丝作业油管内压力控制工艺是在静压状态下，利用钢丝绞车将油管内压力控制工具输送到井内预定位置，通过上提（下放）钢丝完成油管内压力控制工具坐封动作，或解除油管内压力控制工具的工作状态。钢丝作业适用油、气、水井，不适用于大斜度的定向井。

适合钢丝作业的油管内压力控制工具有：智能式油管堵塞器、埋藏式滑块堵塞器、埋藏式油管尾部堵塞器、大变径油管堵塞器、油管喇叭口堵塞器、单向震击钢丝堵塞器、过封隔器内孔堵塞器、双向卡瓦牙钢丝桥塞、工作筒堵塞器、井下控制开关和破裂盘等。

钢丝作业油管内压力控制工艺应满足以下条件：

第三章　油管内压力控制工具及工艺

(1) 钢丝长度应大于施工井深度500m，钢丝破断拉力应大于9kN。

(2) 防喷盒、防喷器的规格和压力等级应与钢丝规格和井口压力匹配。

(3) 防喷器和防喷管及泄压短节的通径大于下井工具的最大外径，且组件的压力等级不低于施工井井口压力。

(4) 防喷管高度大于下井工具串的长度。

(5) 含有H_2S、CO_2等腐蚀性流体的井必须使用专用的钢丝。

钢丝作业油管内压力控制工艺流程如下：

(1) 在井口安装防喷器、防喷管等防喷装置，并试压至井口压力等级，稳压10min。

(2) 用大于油管内压力控制工具4~6mm的通径规，探视井下管柱内径，深度至少达到油管内压力控制工具的坐封位置。

(3) 根据通径情况，选取油管内压力控制工具。

(4) 下放钢丝，将油管内压力控制工具输送至目的位置，速度不超过2m/s，油管内压力控制工具的坐封位置应避开油管接箍或变径位置。

(5) 坐封油管内压力控制工具并丢手，缓慢上提钢丝20m。

(6) 下放钢丝，确定坐封位置，钢丝下放速度不超过0.2m/s。

(7) 打开泄压三通，分4次均匀放掉油管内压力，每次稳压10min。

(8) 每次下入工具前，应平衡油管与井口防喷装置之间的压力。

4. 电缆作业

电缆作业油管内压力控制工艺利用电缆绞车将坐封工具和油管桥塞精准地下放到井内预定位置，地面仪器坐封工具工作，进而带动油管桥塞坐封并实现丢手的一项油管堵塞技术。

电缆作业油管内压力控制技术主要配套有钢丝（电缆）双滚筒测井车、数控仪、液压发电机、井口密封装置和电缆作业配套工具、钢丝作业配套工具。

可回收式油管桥塞、电缆桥塞和高性能油管桥塞可应用于电缆作业。该种油管内压力控制技术适合于油、气、水井。

电缆作业油管内压力控制工艺流程如下：

(1) 电缆作业井下工具串结构：自上而下为电缆头、旋转短节（数量和位置依据井况而定）、加重杆（数量由井压确定）、柔性短节（具体位置和数量根据井身结构确定）、坐封工具和油管桥塞。

(2) 井下油管桥塞位置确定：油管桥塞下井前在数控仪上输入油管桥塞至磁定位仪之间的距离。在工具串下井过程中，磁定位仪通过油管接箍时，

通过磁定位仪的感应线圈将产生一定的电信号。感应信号经单芯电缆传输到地面的数控仪，数控仪显示屏将显示一条幅度变化的曲线。该曲线波峰所对应的深度即为油管桥塞所在的位置。

（3）坐封油管桥塞：当将油管桥塞下井至预定深度时，停止滚筒操作并刹车。打开数控仪上仪器供电旋钮（可选择交流电或直流电），调节供电电压值和电流强度。打开井下供电开关，向井下供电 30~50s 后完成油管桥塞坐封。验封合格后，启动绞车滚筒，起出坐封工具。

二、"事中控制"工艺

在"事前控制"中，原井由于井下的油管内壁结垢、油管变形和管柱带有较小通径的工具等缩径因素，油管内压力控制工具无法输送到井下管柱的预定位置，缩径点以下的管柱无法用机械堵塞的方法封堵；或者由于井下工具串为开放性管柱，采用机械堵塞的方法根本无法实现油管内压力控制，需要在带压起下管柱过程中采取一定的工艺技术来控制油管压力，以弥补"事前控制"存在的不足。

1. 分段油管内压力控制工艺

在带压作业过程中，采取在带压作业机内部倒扣或冷冻暂堵等工艺对缩径点以下的管柱进行分段或单根进行堵塞的一种油管内压力控制技术，称为分段油管内压力控制技术。

分段油管内压力控制是对"事前控制"不到位或无法到位的一种压力控制措施，属于"事中控制"范畴。

1）缩径点上部的油管处理

可采取在带压作业机内部倒扣和冷冻暂堵两种工艺取出油管内压力控制工具所在的一根油管。

（1）带压作业机内部倒扣。

在带压作业机内部倒扣，需要解决倒扣扭矩和倒扣后防止下部油管落井、井喷及单根油管飞出等问题。为此，在作业井的井口上，自下而上至少应安装下全封闸板防喷器、半封闸板防喷器、安全卡瓦牙、封闭式卸扣钳（若没有封闭式卸扣钳，可用不小于工具长度的升高短节替代）、上全封闸板防喷器和带压作业机等设备。

带压作业机内部倒扣流程如下：

① 将油管接箍放至卸扣钳的背钳牙板上，并卡紧，此时背钳牙板同时咬

紧油管接箍和下部油管本体。如果没有安装封闭式卸扣钳,将油管接箍放至安全卡瓦牙上,并夹紧安全卡瓦牙。

② 打开游动卡瓦,将游动连接盘(横梁)调节到便于操作的位置。

③ 在游动连接盘(横梁)下方 5~7mm 的位置油管本体夹紧防顶吊卡,启动主钳对油管或工具进行卸扣[没有封闭式卸扣钳,可用液压钳在游动连接盘(横梁)上方卸扣],当油管防顶吊卡顶在游动连接盘(横梁)时,说明卸扣完成。

④ 夹紧游动卡瓦,举升液缸,将工具或油管外螺纹底部起至上全封闸板防喷器上方,关闭上全封闸板防喷器。

⑤ 打开泄压阀,释放带压作业机内腔的压力,打开环形防喷器(上工作闸板防喷器)。

⑥ 卸掉油管防顶吊卡,起出油管内压力控制工具所在的一根油管(或工具)。

注意事项:在使用液压钳卸扣时,可能会将工具的上接头卸开,为保证上全封闸板防喷器能有效关闭,要求升高短节的高度一定要大于单个工具的长度。

(2)冷冻暂堵。

冷冻暂堵是一种物理法油管内压力控制技术。它是利用物质升华过程中吸热这一原理将油管内的冷冻介质冷冻,形成一段可以隔断油管内压力的冰塞。

冷冻暂堵工艺具体流程如下:

① 将油管内压力控制工具所在的一根油管起出环形防喷器,确认油管内压力控制工具底部位置。

② 在油管内压力控制工具底部的油管本体上进行带压作业。

③ 连接管线,由钻孔部位注入冷冻介质。

④ 在油管本体上安装冷冻盒,加入冷冻剂。

⑤ 冷冻,试压合格。

⑥ 将油管卸扣,安装全通径旋塞阀或阀门。

2)缩径点下部管柱的油管内压力控制

依据所选取的油管内压力控制工具的外径与井下管柱的通径关系及井下油管的数量不同,采取不同的油管内压力控制方法:

(1)缩径点内径相对较大,可以选择小一级油管内压力控制工具,通过缩径点实现堵塞。

（2）缩径点内径较小，油管内压力控制工具无法通过井下部分油管和井下工具，或井内油管数量较少，可利用带压作业机内部倒扣和鱼顶堵塞器逐根起出缩径点下部的油管。

2. 绳索作业工艺技术

绳索作业工艺技术是利用钢丝绳作业或电缆作业在密闭状态下起下工具或管柱的一项综合技术，可以与带压作业机和冷冻暂堵技术配套，带压起下长度较长的开放性管柱（如射孔枪、筛管等）或井下工具（如套铣筒、深井泵）。绳索作业既属于环空压力控制范畴，同时又属于油管内压力控制技术领域，是一种特殊情况下的带压作业。

1) 绳索作业设备和工具配备

配备绳索绞车、绳索作业井口密封装置（按自下而上的顺序为：转换法兰、压力平衡三通、平衡压力管线、防喷管、绳索作业密封头、天地滑轮）、吊车、变扣、旋转短节和绳帽等设备和工具，防喷管高度应大于起下单个工具的长度与变扣、旋转短节和绳帽长度的总和。

2) 绳索作业原理

绳索作业起出较长工具串的原理：在密闭状态下，把长度较长的工具串或开放性管柱起至防喷管内，使其底部位于全封闸板防喷器上部，关井（包括关闭防喷器关井、冷冻暂堵关井）后，泄掉带压作业机和防喷管内腔的压力，有控制地起出井内工具或管柱。

绳索作业下入较长工具串的原理：在密闭状态下，将较长的工具串连同带有油管内压力控制工具的过渡短节从防喷管内下至带压作业机内，使过渡短节位于固定卡瓦位置，关闭环形防喷器、夹紧固定卡瓦，即可拆除防喷管。

3) 绳索作业起出井下工具的工艺流程

（1）地面连接绳索作业井口密封装置，并将已连接的油管变扣、旋转短节、绳帽穿过防喷管，与含有油管内压力控制工具的油管连接。

（2）在工作防喷器组上部安装井口密封装置，并利用井内压力试压，稳压10min。

（3）打开带压作业机的固定卡瓦，上提绳索绞车，将绳帽起至绳索密封头下部。

（4）如工具串较长，不能将管柱尾部起至全封闸板防喷器以上，需要采取冷冻暂堵法将油套环空和油管内部进行暂堵。

（5）夹紧固定卡瓦，拆开井口密封装置，移开位于防喷管内部的管柱。

（6）重新安装绳索作业井口密封装置，加热解堵。

第三章 油管内压力控制工具及工艺

(7) 重复 (3)、(4)、(5) 和 (6) 操作，直至将将管柱尾部起至全封闸板防喷器以上，关闭全封闸板防喷器，起出全部管柱。

4) 绳索作业下入较长井下工具串的工艺流程

(1) 地面连接绳索作业井口密封装置，并将已连接的油管变扣、旋转短节、绳帽穿过防喷管，与带过渡短节的工具串连接。

(2) 将工具串引入防喷管内，在工作防喷器组上部安装井口密封装置，使工具串尾部位于安封闸板防喷器以上，并利用井内压力试压，稳压10min。

(3) 打开安封闸板防喷器，绳索作业将过渡短节下至固定卡瓦位置，并加紧固定卡瓦。

(4) 拆绳索作业井口密封装置，卸开油管变扣。

(5) 如需要继续下入较长的工具串，重复 (2)、(3)、(4) 操作，直至将最后的过渡段节下至固定卡瓦位置。

3. 工作管柱的油管内压力控制

工作管柱的油管内压力控制工具是随工作管柱下井，属于预置油管内压力控制工具。依据施工内容不同，选取不同油管内压力控制工具：

(1) 正冲砂、打捞、打印、通井等：在管柱尾部带有双瓣式单流阀。在起、下工作管柱过程中，单流阀关闭，密封管柱下部的压力；在施工过程中，工作流体压力打开阀体，形成工作液正循环通道。

(2) 反冲砂和压裂（酸化）：根据井型，在管柱尾部（直井）或中部（定向井）预置工作筒堵塞器或可回收式油管桥塞。下入管柱过程中，油管内压力控制工具随管柱下入井内，密封油管的压力通道。若是定向井，当管柱下入造斜段时，为避免打捞困难，需要打捞出管柱尾部的油管内压力控制工具，重新在管柱中部坐封油管内压力控制工具。

4. 完井管柱的油管内压力控制

完井管柱的油管内压力控制与工作管柱的油管内压力控制工艺一致，油管内压力控制工具随管柱入井。在下入管柱时，油管内压力控制工具密封管柱底部的井内压力。完井后，需要打捞出油管内压力控制工具或进行解堵。

不同的完井管柱下入的油管内压力控制工具不同：

(1) 管式泵管柱。在泵下安装定压滑套，在泵筒下井过程中，定压滑套密封井内压力；完井后，油管打压，滑套体脱开，建立生产压力通道。

(2) 杆式泵管柱。在泵座下方适当位置（泵座到开关的位置小于泵长）

预置井下控制开关。在管柱下井过程中，关闭开关的阀体，控制井内压力；完井时，开关的阀体被杆式泵打开，建立生产压力通道。需要检泵作业时，上提抽油泵离开泵座，井下控制开关自行关闭，密封油管内压力通道，可直接进行检泵。

（3）分层注水井管柱。在管柱尾部安装双向阀。当管柱下井时，阀位于球挡上方，可密封井内压力；完井后，油管打压，阀落入球挡下方，密封阀上部的流体，进行注水。

（4）光管柱。在油管尾部安装破裂盘或预置可回收式油管桥塞（包括工作筒堵塞器）。在管柱下井过程中，破裂盘或油管桥塞工作，密封井内压力；完井后，解堵或打捞油管桥塞，建立生产压力通道。

本章知识要点

（1）油管内压力控制工具选取的原则。
（2）物理法油管内压力控制技术。
（3）分段油管内压力控制技术工艺流程。
（4）"事前控制"常用的油管内压力控制工具。
（5）"事中控制"常用的油管内压力控制工具。
（6）绳索作业原理。

思考题

（1）油管内压力控制工具设置数量应考虑哪些方面因素？
（2）如何对地面、井下油管内压力控制工具进行检验和验证？
（3）油管内压力控制工具的材质选择应考虑哪些方面因素？

第四章 环空压力控制工艺

带压作业环空压力控制通常是通过安全防喷器组、工作防喷器组的合理组合来实现。其配置与组合应根据施工压力、管柱结构、工作介质、安全要求等来确定。

第一节 防喷器配置原则

带压作业使用的防喷器包括安全防喷器组和工作防喷器组。安全防喷器（Secondmary BOP）就是常规修井与钻井作业中使用的防喷器，在带压作业装置组成中安装在井口上部，用于防止发生井喷事故。安全防喷器组通常包括一个或多个半封闸板防喷器、全封闸板防喷器、剪切闸板防喷器、卡瓦闸板防喷器等，在其关闭状态下不能起下管柱。

工作防喷器（Primary BOP）是用于控制运动管柱环空压力的装置，主要实现对作业管柱的动密封。它们的结构总体上和常规防喷器没有什么区别，只是其胶芯结构及材质做了改进，允许用于控制运动管柱的环空压力密封，胶芯的耐磨性能更好，且胶芯磨损部件易于更换。工作防喷器组通常包括一个环形防喷器和一个或两个半封闸板防喷器。

典型的安全防喷器与工作防喷器的组合如图 4-1 所示。需要注意的是，安全防喷器与工作防喷器的组合应结合作业井的具体情况和有关法律、法规及技术标准来设计。

一、国外带压作业防喷器配置做法

带压作业防喷器的配置主要根据井的压力、硫化氢含量以及管柱结构来确定，下面列举了国际上一些较为著名的井控学校或公司的相关规定。

1. Aberdeen 钻井与井控学校对防喷器配置的要求

防喷器工作压力等级必须大于最大预计关井压力（MASP）的 1.2 倍或井

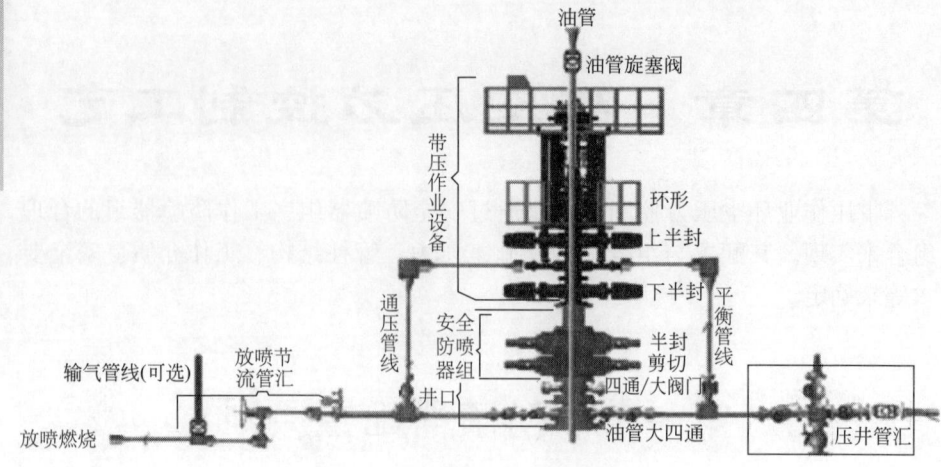

图 4-1 安全防喷器与工作防喷器的组合

口额定工作压力及以上。

工作防喷器组的配置要根据井口压力、硫化氢含量和管柱结构（是否为复合管柱）来具体确定。对井口压力较低、不含硫化氢（或硫化氢含量低于人体危害浓度）、采用不加厚油管柱或非复合管柱的井，可以直接采用工作环形防喷器作业，工作环形防喷器作业上限为 21MPa；对于井口压力较高、含硫化氢、管柱接头可能损坏环形防喷器或闸板防喷器胶芯的井，就必须采用两个工作闸板防喷器作业。

安全防喷器组合也要根据井口压力、硫化氢含量和管柱结构（是否为复合管柱）来具体确定。最低要求是当起下不同尺寸的管柱时，在工作闸板以下至少有一个安全闸板（即半封闸板）与之对应，至少有一个全封/剪切闸板或者是全封闸板与剪切闸板组合，对高压井应采用两套及以上的全封/剪切闸板防喷器。

（1）对井口压力小于 21MPa 且只有一种管柱的井，最少包括 3 个防喷器，其他设备依据具体工况确定，所有的管汇、阀门可以采用螺纹连接且连接尺寸必须为 2in 以上。

（2）对井口压力介于 21~35MPa 的井，应对每种管柱增加相应尺寸的安全防喷器，其他设备依据具体工况确定，所有的管汇、阀门可以采用螺纹连接且连接尺寸必须为 2in 上。

（3）对井口压力介于 35~70MPa 的井，最少有 6 个防喷器，包括 2 个工作闸板、2 个安全闸板、1 个全封闸板和剪切闸板，不允许螺纹连接，其他设备依据具体工况确定。图4-2(a)是起下一种外径管柱的防喷器配置图,它包括环形防喷器、工作闸板、两个半封闸板(上、下),一个剪切/密封闸板在采油树上,当导入底部管柱组合(BHA)时,两个采油树阀可以作为首要屏障。

(4)对井口压力大于70MPa且只有两种外径管柱的井,最少有7个防喷器,不允许螺纹连接,其他设备依据具体工况确定。图4-2(b)是起下两种外径管柱的防喷器配置图,它包括环形防喷器、工作闸板,每种管柱外径均有两个半封闸板、一个剪切/密封闸板在采油树上,当导入底部管柱组合(BHA)时,两个采油树阀可以作为首要屏障。

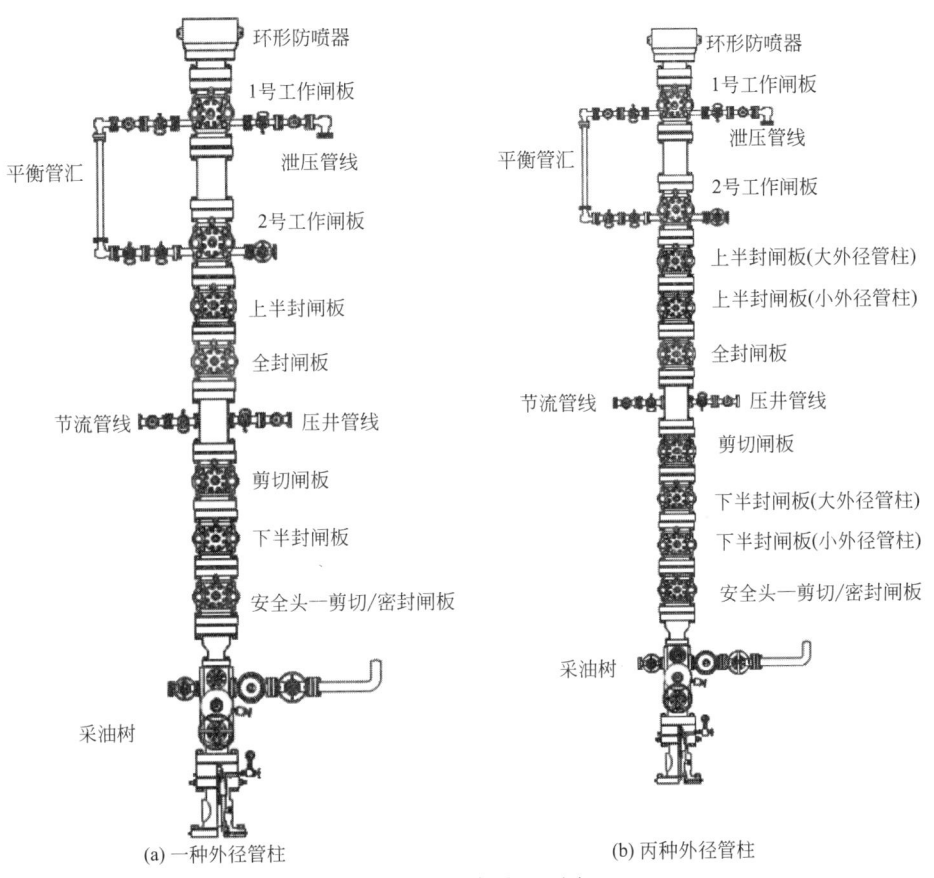

(a) 一种外径管柱   (b) 丙种外径管柱

图4-2 防喷器配置图

对于需要安装三级屏障的井,可以再设置一套剪切/密封闸板并直接连接到油管头或采油树上。在采油树上作业必须至少有两个主控阀和两个全封闸板中的一套或它们的组合。

2. NORSOK 标准对防喷器配置最低要求

NORSOK（挪威石油标准化组织）标准 D-002《修井设备系统要求》和 D-010《井筒完整性》对带压作业工作防喷器配置要求包含一个自封头、两个工作闸板防喷器、平衡泄压系统和一个环形防喷器；对安全防喷器组要求包括一个环形防喷器、两个半封闸板、一个剪切/密封闸板、一个安全头、一个节流管线出口、一个压井管线入口，在节流管汇和压井管汇上最少配备一个手动闸阀或旋塞阀和一个远程操作的闸阀或旋塞阀。

总体要求如下：

（1）防喷器的压力等级应结合作业需要选择，工作防喷器密封元件应适合温度、介质和压力范围，并保留压井作业余量。

（2）防喷器的开关状态能够直观显示。

（3）闸板尺寸应适应工作管柱尺寸要求并能克服开关井井筒工作压力。

（4）闸板具有扶正对中功能，闸板应能密封工作管柱。

（5）半封闸板和卡瓦闸板应能够承受悬挂工作管柱的重量。

（6）工作闸板的前端密封应具有耐磨损能力。

（7）卡瓦闸板应能够承受悬挂管柱重量并能防止管柱上下运动。

（8）卡瓦闸板应能避免关闭时引起管柱开裂。

3. 雪佛龙（Chevron）和阿美（ARAMCO）对防喷器配置要求

雪佛龙（Chevron）和阿美（ARAMCO）对低压井（压力小于 35MPa）规定了基本配置，包括两个工作闸板防喷器、平衡泄压管线、安全闸板、全封闸板。两个工作闸板防喷器作为一级防喷器；在 2 号工作防喷器下面应设置安全防喷器，以防工作防喷器失效时可以关井；安全防喷器下面还应设置全封闸板防喷器，用于起完管柱后的关井和下完悬挂器后的关井；平衡管线包括固定油嘴和主动油嘴，以减少压力激动，如图 4-3（a）所示。

对高压井（压力大于 35MPa）还应增加一个配有远程控制阀门且带双出口的四通、一个剪切密封闸板、一个安全闸板，泄压管线也应增加一个可调油嘴，如图 4-3（b）所示。

4. 壳牌（Shell）对防喷器配置最低要求

壳牌（Shell）在《钻井、完井与修井井控作业手册》中对带压作业工作防喷器配置要求包括自封头、带压环形防喷器、工作闸板防喷器，下部管柱

第四章 环空压力控制工艺

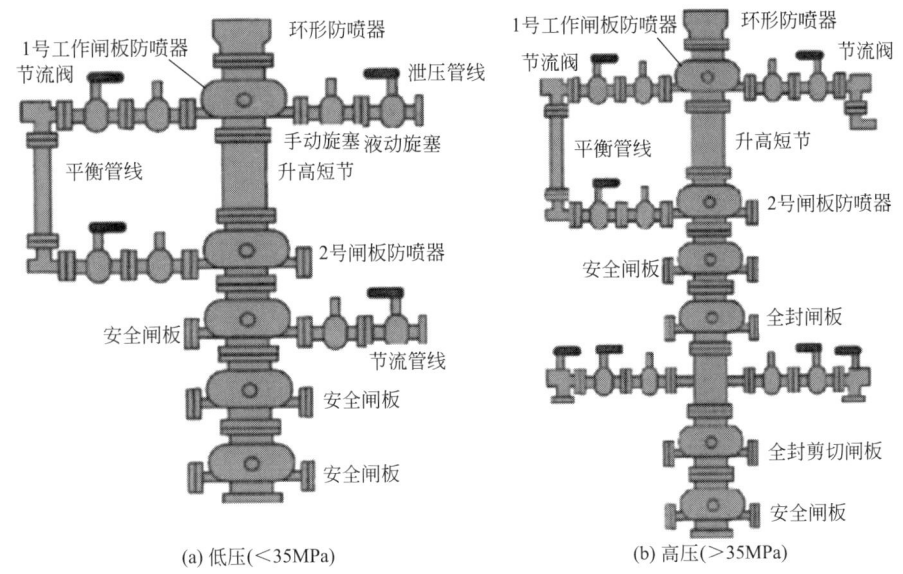

图 4-3 雪佛龙和阿美公司带压作业防喷器组合

组合（BHA）应有两级屏障。

对安全防喷器主要根据井的压力、硫化氢含量、管柱结构和当地法规要求来设置，规定至少包括 2 个闸板防喷器、1 个剪切密封或 1 个全封和剪切组合防喷器以及节流/压井管汇。

5. 加拿大对带压作业防喷器配置最低要求

加拿大钻井与完井委员会（DACC）制定的 IRP 15《带压作业推荐做法》规定了带压作业安全防喷器组和工作防喷器组的设置要求，并由 ENFORM 发布。

1）安全防喷器组

在独立式作业中，安全防喷器组由带压作业机的操作员进行操作，在钻机辅助作业中由修井钻机队进行操作。所有安全防喷器组必须遵循适用管辖权的监管要求。如果一口井中硫化氢的含量不小于 1% 或者井底压力不小于 21MPa，则应安装剪切式闸板作为最底部的安全防喷器组或准备好应急压井措施，并保证至少有一倍井筒容积的压井液在现场。

对辅助式带压作业机的防喷器，还要求安全防喷器组应配备防提装置（ram savers），以防止安全闸板防喷器关闭时上提管柱；如果未使用防提装置，则应设置一个显示器来清楚显示闸板的位置。

2) 工作防喷器组

对于低压井,可采用一个闸板防喷器、一个环形防喷器起下;对于井口压力高于21MPa的高压井,增加一个闸板防喷器起下,如图4-4所示。

一个或多个带出口的工作短管,用于防喷器之间平衡井筒压力和泄压。

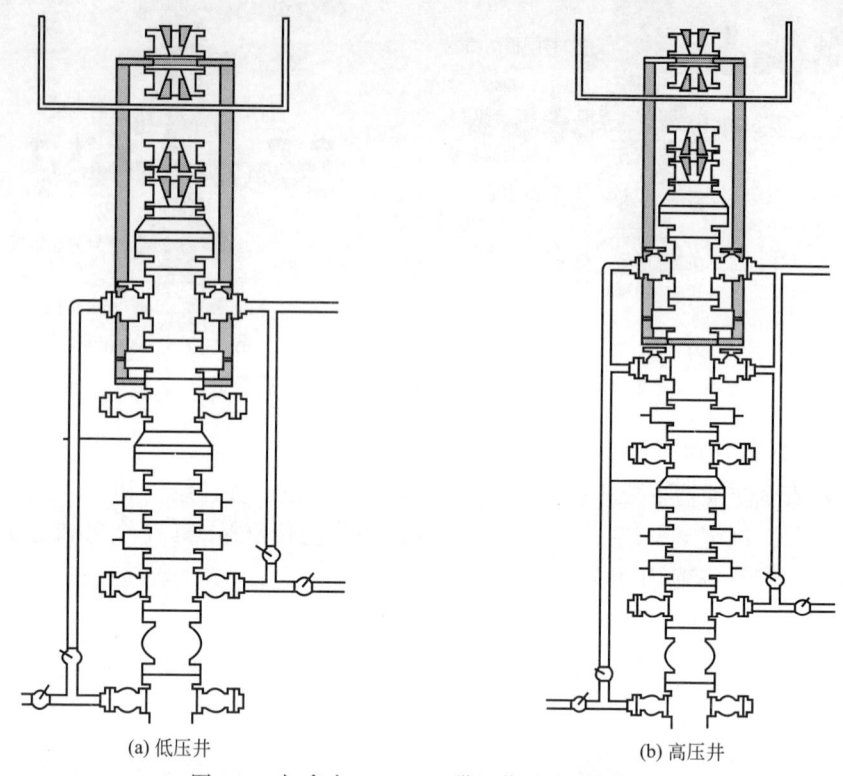

(a) 低压井　　　　　　　　(b) 高压井

图4-4　加拿大ENFORM带压作业防喷器组合

二、安全防喷器和工作防喷器选择与配置

参考国外带压作业防喷器配置做法,结合油、气、水井带压作业的实际情况,通常将自封装置、带压环形防喷器、带压工作防喷器作为井控一级屏障,半封闸板、全封闸板、环形防喷器(如果配置有)作为井控二级屏障,剪切闸板、剪切全封、剪切密封闸板作为井控三级屏障,根据施工压力、管柱结构、工作介质等,要求环空密封至少具有两级井控屏障。

第四章 环空压力控制工艺

1. 安全防喷器组

安全防喷器组至少应配备全封闸板防喷器、半封闸板防喷器,部分井还配有剪切闸板防喷器、卡瓦防喷器等。全封闸板防喷器主要用于空井筒时关井;半封闸板防喷器用于密封油套环空;剪切闸板防喷器用于紧急情况下剪断管柱并封井;卡瓦防喷器用于悬挂管柱或防止关井时井内管柱窜动。

1) 安全防喷器选择应遵循的原则

(1) 安全防喷器应符合《石油天然气工业 钻井和采油设备 钻通设备》(GB/T 20174—2006) 或符合 API Spec 16A 的要求,国产安全防喷器生产企业还应获得集团公司井控装备生产企业资质。

(2) 安全防喷器组压力等级不小于预计井口最大关井压力(MASP)和预计井口最高施工压力(MAOP)的最大值。

(3) 半封闸板防喷器应与工作管柱外径相匹配;若井下为复合管柱,宜增加相应数量半封闸板防喷器。

(4) 防喷器组的通径应大于油管悬挂器的外径。

2) 安全防喷器组合的配置原则

依据施工井的地层压力、管柱结构和井内流体性质确定安全防喷器组压力等级及组合形式。

(1) 安全防喷器组至少应配备全封闸板防喷器、半封闸板防喷器。

(2) 对于井口压力大于21MPa或含硫化氢的油、气、水井还应配备剪切闸板防喷器。若剪切闸板剪切后具有密封功能,也可用剪切闸板防喷器代替全封闸板防喷器。

(3) 根据作业工艺需要决定是否配置卡瓦防喷器,配置位置则根据井下管柱结构确定。

(4) 从事打捞、井口装置内倒扣等特殊作业时,宜增配一台相应压力级别的全封闸板防喷器。

2. 工作防喷器组

工作防喷器组包括环形防喷器、上半封闸板防喷器、下半封闸板防喷器、平衡/泄压阀和管汇、四通等。

1) 工作防喷器选择应遵循的原则

(1) 工作防喷器应符合《石油天然气工业 钻井和采油设备 钻通设备》(GB/T 20174—2016) 或符合 API Spec 16A 的要求,国产工作防喷器生产企业还应获得集团公司井控装备生产企业资质。

（2）工作防喷器的额定工作压力应大于井口最大施工压力（MAOP）。

（3）平衡/泄压管汇的压力等级不低于半封工作防喷器的额定压力，气井作业时平衡/泄压管汇上应有节流装置。

（4）半封闸板防喷器应与工作管柱外径相匹配。

（5）工作防喷器组的通径应大于油管悬挂器的外径。

（6）含有硫化氢等腐蚀性流体的井，工作防喷器组的组件应满足抗硫要求。

（7）在两个工作防喷器之间应至少配备一个四通（旁通安装液动阀），使其上、下的防喷器能够建立压力平衡通道。

（8）根据工艺需要配备的防喷管，防喷管的高度不应小于单个大直径或不规则工具的长度，防喷管安装在工作防喷器之间时应考虑管柱最大无支撑长度。

2）工作防喷器组合的配置原则

应结合作业管柱尺寸、接箍类型（图4-5）、工作压力来选择工作防喷器组合，通常按下列方法执行：

（1）工作压力小于13.8MPa的60.3mm油管、工作压力小于12.25MPa的73.02mm油管和工作压力小于4MPa的88.9mm的油管，接箍可以直接通过环形防喷器起下，因此，可以配置一个环形防喷器和一个工作闸板防喷器。

  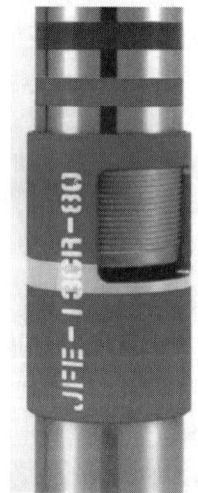

(a) 无接箍　　　　　　(b) 倒角接箍　　　　　　(c) 直角接箍

图4-5　油管接箍类型

第四章 环空压力控制工艺

(2) 工作压力在 13.8~21MPa 之间的 60.3mm 油管、工作压力在 12.25~21MPa 之间的 73.02mm 油管、工作压力在 4~21MPa 之间的 88.9mm 油管,接箍通过环形防喷器与闸板防喷器倒换起下,可以配置一个环形防喷器和一个工作闸板防喷器。

(3) 对于无接箍管柱,管柱外径不超过 88.9mm,工作压力小于 21MPa,工作防喷器组至少应配置一个环形防喷器和一个闸板工作防喷器。

(4) 对于工作压力高于 21MPa 或管柱外径大于 88.9mm 的任何管柱接头都要通过两个工作防喷器倒换导出油管接箍,因此应配置一个环形防喷器和两个工作闸板防喷器。

3. 平衡/泄压系统

平衡/泄压系统主要由两个主液控阀门、节流阀和管线组成,用于作业过程中下工作闸阀防喷器以上环空腔室压力的平衡和放空。

平衡/泄压管汇的压力等级与闸板工作防喷器额定工作压力匹配,平衡/泄压管汇上应有节流装置;对含硫井,管汇(管线)、法兰、钢圈、阀门应符合《石油天然气工业油气开采中用于硫化氢环境的材料 第二部分 抗开裂碳钢、低合金钢和铸铁》(GB/T 20972.2—2008)的要求。

三、安装与试压

带压作业防喷器组安装时应根据施工井类型和施工内容确定带压作业装置井口组合形式。在确定好带压作业井口装置组合之后,其安装、试压时要注意以下内容。

1. 安装

1) 安全防喷器组的安装

(1) 安全防喷器组若含有剪切闸板防喷器,剪切闸板防喷器安装在安全防喷器组的最底部。

(2) 在安全防喷器组下方最好有试压四通和/或大通径阀门,便于安装后的试压。

(3) 若进行打捞倒扣等作业,需增加卡瓦式闸板防喷器或悬挂法兰,安装位置应结合作业管柱结构与作业工艺具体确定。

2) 工作防喷器组的安装

(1) 环形工作防喷器安装在工作防喷器组的最上部,以下依次是上工作闸板防喷器、平衡泄压四通和下工作闸板防喷器。

（2）起下较长的大直径或不规则工具时，应配备防喷管或法兰升高短节，其高度应不小于单个大直径或不规则工具的长度。

3）地面流程的安装

泄压管线可与放喷管线连接后，接出井口以外 30m 以上安全地带，含硫井应接出井口以外 75m 以上安全地带。

2. 试压

（1）应对所有的防喷器组进行试压与功能测试，并做相应的记录。

（2）试压时应按由下至上分别进行低压、高压测试。

（3）施工过程中更换防喷器配件后，应对该防喷器进行现场试压，并做好记录。

（4）试压前应将空气排尽，试压介质宜采用清水。

（5）安全防喷器组应先做 1.4~2.1MPa 的低压试压，稳压 10min，无可见渗漏为合格；高压测试应按预计井口最大关井压力（MASP）进行，稳压 30min，压降不大于 0.7MPa 为合格。

（6）工作防喷器组应先做 1.4~2.1MPa 的低压试压，稳压 10min，无可见渗漏为合格；高压测试应按预计最高施工压力（MAOP）进行，稳压 30min，压降不大于 0.7MPa 为合格。

（7）平衡/泄压管汇先做 1.4~2.1MPa 的低压试压，稳压 10min，无可见渗漏为合格。高压测试按环空动密封装置试压值进行试压，稳压 10min，压力降不大于 0.7MPa 为合格。

（8）液压控制装置应在每口井施工前试压，试压用系统压力可靠性试压，试压压力不低于系统的额定工作压力。每次试压 15min，压力降不大于 0.7MPa 为合格。

第二节　环空压力控制方式

带压作业要结合作业管柱尺寸、接箍类型、工作压力来选择环空压力控制方法，通常有通过环形防喷器直接控制起下、环形防喷器和闸板工作防喷器倒换控制起下、闸板工作防喷器和闸板工作防喷器倒换控制起下三种方式。每种方式适应不同的管柱、不同的工作压力，详见表4-1。需要注意的是闸板和闸

第四章 环空压力控制工艺

板倒换控制起下这种方式可以用于环形防喷器直接控制起下、环形防喷器和闸板倒换控制起下，环形防喷器和闸板倒换控制起下可用于环形防喷器直接控制起下，反之则不能。下面分别介绍三种环空压力控制方式起下管柱。

表4-1 不同规格管柱作业环空动密封装置使用条件表

管柱规格型号	工作压力范围，MPa		
	条件一	条件二	条件三
φ60.3mm 外加厚油管	<13.8	13.8~21.0	≥21.0
φ73.0mm 外加厚油管	<12.25	12.25~21.0	≥21.0
φ88.9mm 外加厚油管	<4.0	4.0~21.0	≥21.0
管柱接箍通过方式	直接推过/提出环形防喷器胶芯	环形防喷器+闸板防喷器分段导出/导入管柱节箍	上闸板+下闸板分段过接箍和工具短节

注：(1) 其他管柱接箍比照油管接箍尺寸执行。
　　(2) 不建议在 φ60.3mm 及以下管柱使用通径280mm 的环形防喷器。

一、环形防喷器直接控制

表4-1中条件一对应的接箍可直接起出或推入环形防喷器胶芯。作业前，根据管柱表面质量、井口压力设置适当的环形工作防喷器关闭压力，关闭压力应在有效控制环空的前提下尽量减小，一般关闭压力设置为3.5~8.4MPa（500~1200psi），当关闭压力超过8.4MPa（1200psi）才能密封时应更换环形防喷器胶芯。环形工作防喷器上缓冲器压力应当介于2.5~2.8MPa（350~400psi）。根据轻管柱或是重管柱情况，使用适当的卡瓦组合，使管柱本体及接箍直接通过环形防喷器胶芯，如图4-6所示。

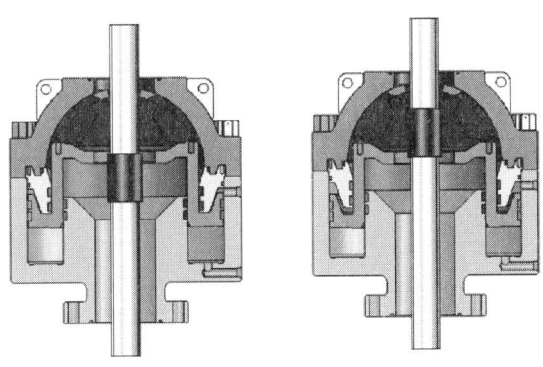

图4-6 环形防喷器起管柱（过接箍）示意图

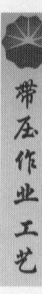

在下管柱过程中，宜在环形防喷器胶芯上喷淋适当的润滑介质，如液压油、机油等；起管柱（特别是含硫油气井）过程中，应在环形防喷器以上喷淋适当的不易燃液体，如清水、氯化钾液体等。

二、环形防喷器和闸板防喷器倒换控制

表4-1中条件二对应的管柱应通过环形防喷器与闸板防喷器倒换起下管柱接箍，且环形防喷器始终处于关闭状态（油管悬挂器、与管柱外径差异较大的大直径工具等情况除外），该方式同时适用于表4-1中条件一对应的管柱作业。

作业前，应分别丈量工作半封闸板中间和环形防喷器顶部到操作台标记处的距离，防止工具或接箍撞击到工作半封闸板或环形防喷器胶芯，以下用管柱接箍或大直径工具来说明环形防喷器+工作闸板防喷器起下过程。

第一步：下管柱接箍或大直径工具至环形防喷器以上，关闸板防喷器。

第二步：泄环形防喷器与工作半封闸板防喷器之间压力至允许接箍或大直径工具通过环形防喷器。

第三步：下放管柱接箍或大直径工具至环形防喷器与工作防喷器之间。

第四步：平衡工作半封闸板防喷器上、下压力。

第五步：开工作半封闸板防喷器。

第六步：下放管柱接箍或大直径工具通过工作半封闸板防喷器。

第七步：关闭工作半封闸板防喷器。

第八步：继续下入管柱，重复上述步骤。

起管柱接箍或工具接头原理与下管柱接箍或大直径工具原理一样，只是顺序相反。

三、闸板防喷器倒换和闸板防喷器倒换控制

作业压力高于21MPa时，管柱接头都要通过两个工作防喷器倒换起下管柱接箍，且环形防喷器始终处于关闭状态（油管悬挂器、与管柱外径差异较大的大直径工具等情况除外）。该方式同时适用于表4-1中条件一和条件二的作业。

首先应丈量好上半封闸板中间到操作台和下半封闸板中间到操作台标记处的距离，防止工具或接箍撞击到工作防喷器半封闸板。下面以下管柱接箍

第四章 环空压力控制工艺

或大直径工具来说明上工作闸板防喷器起下过程,如图4-7所示。

第一步:下管柱接箍或大直径工具至上、下工作闸板防喷器之间,如图4-7(a)所示。

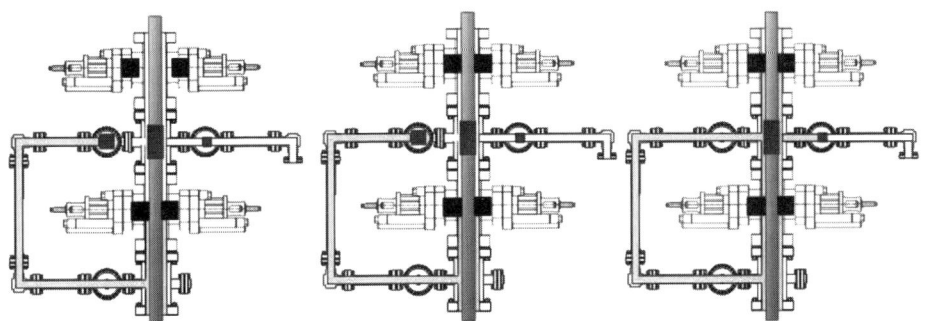

(a) 第一步:将工具接头下放至下工作闸板防喷器上部
(b) 第二步:关闭上工作闸板防喷器
(c) 第三步:开平衡管汇阀门,使上、下工作闸板防喷器之间压力平衡

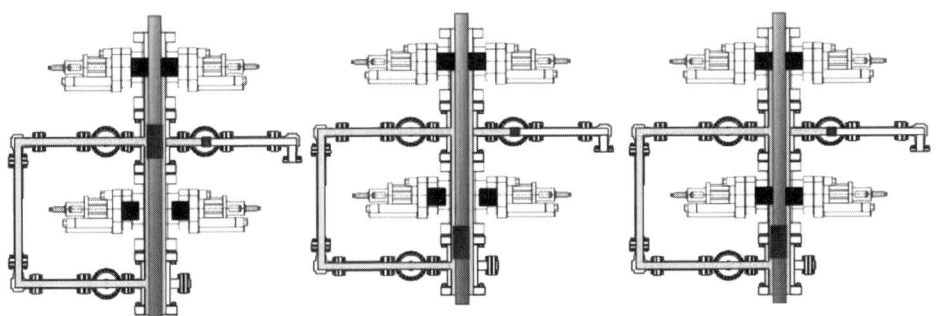

(d) 第四步:开下工作闸板防喷器
(e) 第五步:将工具接头下放到下工作闸板以下
(f) 第六步:关下工作闸板防喷器

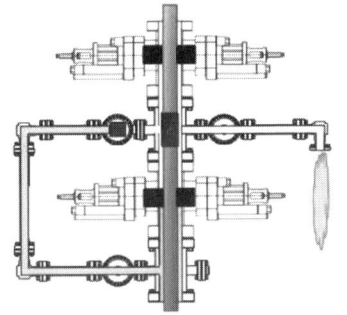 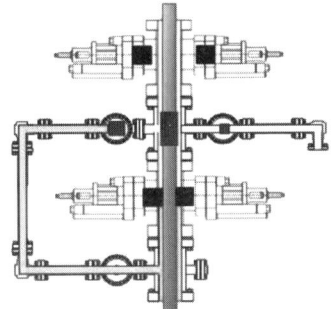

(g) 第七步:关平衡管汇阀门,并释放下工作闸板与上工作闸板之间的压力
(h) 第八步:开上工作闸板防喷器,重复上述作业

图4-7 利用闸板—闸板下管柱作业过程示意图

第二步：关上工作闸板防喷器，此时上、下工作闸板防喷器都是关闭状态，如图4-7(b)所示。

第三步：平衡上、下工作闸板防喷器之间压力，如图4-7(c)所示。

第四步：开下工作闸板防喷器，如图4-7(d)所示。

第五步：下管柱接箍或大直径工具通过下工作防喷器闸板，如图4-7(e)所示。

闸板—闸板起下管柱作业操作方法

第六步：关下工作闸板防喷器，如图4-7(f)所示。

第七步：关平衡管线阀门，泄下工作闸板防喷器以上压力，如图4-7(g)所示。

第八步：开上工作闸板防喷器，进入下一次循环作业，如图4-7(h)所示。

重复第一步到第八步直至结束。

起管柱接箍或工具接头原理与下油管接箍或大直径工具原理一样，只是顺序相反。

四、平衡/泄压系统

平衡/泄压系统主要用于作业过程中下工作闸板防喷器以上环空腔室压力的平衡和放空，操作时应注意：

（1）平衡/泄压系统安装完成后应根据井口压力调节节流阀的开度。

（2）操作平衡/泄压系统时，宜分级补/泄压。

（3）大直工具或油管悬挂器通过平衡/泄压四通时，应将其下入四通旁通的下部，且应缓慢补/泄压，避免压力冲击。

第三节　带压作业地面流程

带压作业地面流程主要包括压井/放喷管汇等，需要冲砂、钻磨等作业时，还应结合工艺需要配置相应的地面设备和地面流程。针对不同的作业工况、不同的作业类型，其地面流程的差异较大。下面具体介绍节流压井管汇以及几种典型的带压作业井的地面流程的组成及布局。

第四章 环空压力控制工艺

一、节流压井管汇（管线）

节流压井管汇（管线）主要由压井管汇（管线）和节流放喷管汇（管线）组成，在作业过程中用于控制井口环空压力和井控抢险。

井口一侧应安装至少一条节流放喷管汇（管线），放喷管线长度、固定应符合井下作业井控规定，放喷口前端应安装防回火装置，出口端处于井场下风方向；节流放喷管汇（管线）的出口也可接至采输气接口；井口另一侧应安装应急压井管线。

1. 安装

带压作业现场节流压井管汇（管线）安装要满足以下要求：

（1）现场使用合格的管材，含硫化氢的油气井应使用抗硫化氢的管材和配件。

（2）井控管汇的压力级别和组合形式，应符合工程设计要求。

（3）转弯处应使用不小于90°的钢质弯头，气井不允许使用活动的弯头连接。

（4）放喷管线的布局要考虑当地季节风的风向、居民区、道路、油罐区、电力线等情况。放喷管线出口应接至距井口30m以上的安全地带；高压油气井或高含硫化氢等有毒有害气体的井，放喷管线应接至距井口75m以上的安全地带。

（5）管线每隔10~15m、转弯处用地锚或地脚螺栓与水泥基墩固定牢靠，悬空处要支撑牢固；管线出口处2m内应使用双卡固定。

2. 试压要求

（1）放喷节流管汇、压井管汇的试压按环空动密封装置试压值进行试压。

（2）放喷管线试压压力为10MPa。

（3）油水井放喷管线试压压力不低于井口压力。

二、典型带压作业井地面流程

1. 低压井带压作业地面流程

不需要进行补/泄压的简单普通油气水井带压起下管柱作业地面流程，如图4-8所示。

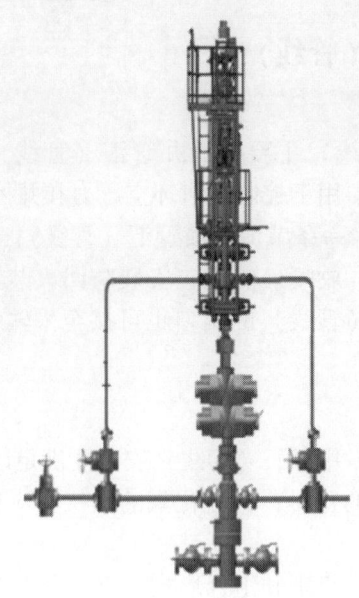

图 4-8　低压井带压作业地面流程图

2. 高压井带压作业流程

需要进行补/泄压的高压油气水井带压起下管柱作业地面流程，如图 4-9 所示。

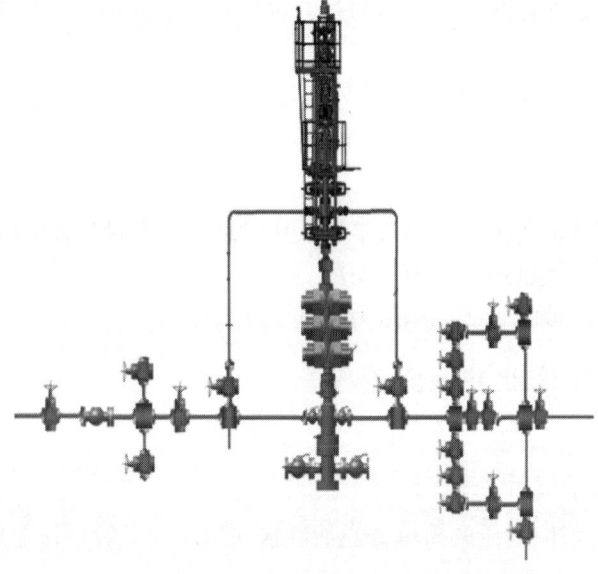

图 4-9　高压井带压作业地面流程图

第四章　环空压力控制工艺

本章知识要点

（1）防喷器的选择原则。
（2）带压作业中环空压力控制的要求及做法。

思考题

（1）确定安全防喷器组和工作防喷器组压力等级的依据是什么？
（2）如何确定带压作业环空压力控制方式？

第五章 施工工艺

本章根据现场作业常见作业程序，介绍了设备安装与调试、通用起下管柱作业的主要要点与关键程序，详细介绍了冲砂作业、打捞作业、旋转作业、配合压裂作业以及含硫化氢井作业等带压作业主要工艺。

第一节 设备安装与调试

带压作业设备安装是带压施工作业的第一步。由于使用的带压作业设备上的差异，设备安装顺序和要点有所不同，可参考设备使用说明书进行安装。本节主要介绍带压作业设备安装与调试过程中的一些基本要求。

一、设备安装

1. 拆采油树，安装带压作业井口装置

当油管内堵塞工具坐封后，起出坐封工具，逐级卸掉油管内压力，每次观察15min，观察油管压力恢复情况，若油管压力不上升，则继续降压至油管压力为0，油管压力仍不上升则说明油管封堵合格，可以拆采油树装防喷器；若压力不能降到0，不能更换井口。

拆采油树前，闸板防喷器、环形防喷器、四通等法兰连接部位的钢圈槽应清理干净，并涂抹润滑脂；油管头、闸板防喷器、环形防喷器、四通等法兰连接部位的钢圈和钢圈槽应匹配。

悬挂器上带背压阀装置应优先安装背压阀（BPV），具体参见第六章第三节；无背压阀装置的，吊开采油树异径法兰后，应在油管悬挂器上安装回压阀。拆开采油树异径法兰后，应尽快安装安全防喷器组、工作防喷器组和远程控制装置，每安装一级应连接好远程控制台液压控制系统，仔细确认钢圈入槽、上下螺孔对正和方向符合要求后，上齐连接螺栓，对角拧紧。

安装完后，绘制井口装置示意图，应标注顶丝、半封闸板、全封闸板和剪切闸板与操作台内固定位置的距离。

2. 安全防喷器组远程控制台安装

防喷器远程控制台原则上安装在季节风上风方向、距井口不少于25m的专用活动房内，距放喷管线应有1m以上距离，10m范围内不应堆放易燃、易爆、腐蚀物品。电源应从总配电板处直接引出，用单独的开关控制，并有标识。

控制管汇安放并固定在管排架内，管排架与放喷管线应有一定的距离，车辆跨越处应装过桥盖板，不应在管排架上堆放杂物和以其作为电焊接地线或在其上进行焊割作业。近井口端液压控制软管线应采用耐火管线，且有防静电措施。辅助式带压作业时，安全半封闸板防喷器的控制液路上宜安装与作业机提升系统刹车联动的防提安全装置，其气路与防碰天车气路并联。

远程控制台电控箱开关旋钮应处于自动位置，控制手柄应处于工作位置，并有控制对象名称和开关标识；控制剪切闸板的三位四通阀应安装防误操作的限位装置，控制全封闸板的三位四通阀应安装防误操作的防护罩。

3. 工作防喷器控制台安装

工作防喷器控制装置一般设置在操作台上，液压控制装置应配备系统压力低压警报系统。

4. 井口支撑座安装

当施工井井口没有油管头（套管头）、套管升高短节过高、风力大、作业高度高、井口腐蚀较为严重以及带压作业机井口装置本身负荷过重时，应安装井口支撑座，以减少对井口装置的承载负荷，提高井口装置的稳定性。

5. 拆带压作业井口装置，安装采油树

联顶节上部应带全通径旋塞阀，并处于开位。悬挂器上带背压阀装置的应在悬挂器上安装背压阀座挂，顶紧油管头顶丝；悬挂器上不带背压阀装置的，油管悬挂器上应安装回压阀送入座挂，顶紧油管头顶丝，直到开始装异径法兰时才能拆掉回压阀，并尽快装采油树。

二、设备调试

1. 安全防喷器远程控制台调试

检查蓄能器压力保持在 17.5~21.0MPa 内，气囊充氮压力（7.0±0.7）MPa，应根据预计井口最大关井压力和防喷器关闭比来设置管汇压力。各操作手柄应处于与控制对象工作状态相一致的位置，全封闸板的三位四通阀控制手柄应安装防误操作的防护罩，剪切闸板的三位四通阀控制手柄应安装防误操作的防护罩和定位销；检查液压油油面在油箱高低油位标尺内。

2. 工作防喷器组蓄能器功能测试

环形防喷器处于关闭状态，液压泵源发生故障时，在工作闸板防喷器完成一个开和关、平衡/泄压旋塞阀完成一个开和关动作后，观察 10min，蓄能器的压力至少保持在 8.4MPa 以上；或只关闭环形防喷器，观察 10min，蓄能器压力不低于 8.4MPa。功能测试时间间隔不大于 14d/次。

3. 带压作业机功能测试

开启动力源空运转 5min 后，再合上离合器，带动各泵空运转，运行 5min 一切正常后，关闭放压阀，使蓄能器升压，操作各路转换阀，使油缸、防喷器、卡瓦等动作两次，验证油路畅通、开关灵活、动作无误。

三、试压

带压作业设备现场安装完毕后，必须对井口和地面流程等进行试压，试压时应按由下至上分别进行低压、高压试压，并做好记录，具体作业流程及注意事项参照第四章第一节执行。

带压作业设备安装

第二节　起下管柱作业

一、液缸压力设置

带压作业设备的下压力和举升力是由液压系统提供的压力作用到液缸活塞上而产生的。作业前，为了达到所需的下压力和举升力，需要对液缸压力进行设置。

1. 液缸压力计算

由于管柱运动状态不同，液缸活塞受力情况具有明显差异，如图 5-1 所

第五章 施工工艺

示,因此液缸压力计算按照下压管柱和举升管柱两种情况进行。带压作业机一般采用两个或四个液缸设计,采用四缸设计的带压作业机也可以将两缸和四缸倒换使用,采用两缸作业时可以获得较高的起下速度,采用四缸作业时可以获得较大的举升力和下压力。因此,应该依据实际使用的液缸数量,正确调整液压系统压力调节器至合适的数值。

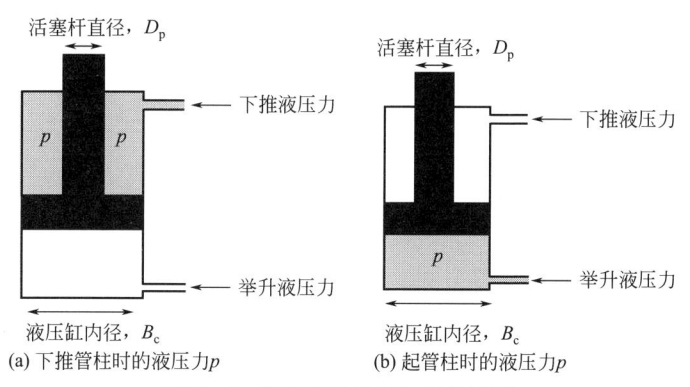

(a) 下推管柱时的液压力 p　　(b) 起管柱时的液压力 p

图 5-1　带压作业机液缸工作原理

1) 举升管柱

当举升管柱时,液压缸活塞底端承受液压力,如图 5-1(a) 所示,液缸压力计算公式如下:

$$p_{li}=\frac{F_{li}}{S_{li}}=\frac{4F_{li}}{\pi n B_c^2} \tag{5-1}$$

式中　p_{li}——液缸应设置的压力,MPa;

　　　F_{li}——所需达到的举升力,kN;

　　　B_c——液压缸活塞内径,cm;

　　　n——液压缸数量。

对于举升管柱所需达到的举升力,可采用最大举升力,详见第二章第二节计算方法。

2) 下压管柱

当下压管柱时,液压缸活塞的上端承受液压力如图 5-1(b) 所示,液缸压力计算公式如下:

$$p_{sn}=\frac{F_{sn}}{S_{sn}}=\frac{4F_{sn}}{\pi n (B_c^2-D_p^2)} \tag{5-2}$$

式中　p_{sn}——液缸应设置的压力,MPa;

F_{sn}——所需达到的下压力,kN;

D_p——液压缸活塞杆直径,cm,常见带压作业机液缸和活塞杆尺寸见表5-1。

对于下压管柱所需达到的下压力,可采用最大下压力,详见第二章第二节计算方法。

表5-1 常见带压作业机液缸与活塞杆尺寸表

名称	尺寸,in									
活塞杆外径	1	1.25	1.5	1.75	2	2.25	3	3.25	3.5	3.75	4
液缸内径	3	3.25	3.5	3.75	4	4.25	5	5.25	5.5	5.75	6

2. 设置液缸压力

根据前述的液缸压力计算方法,得出液缸压力后,即可进行压力的设置。由于带压作业机类型和结构不同,液缸压力的设置方法会有所差异。通常情况下,通过调节液缸液控回路的调压阀即可实现。

下管柱(轻管柱)时,设置液缸压力前应将下部管柱组合放入工作防喷器组内,关闭移动卡瓦和固定防顶卡瓦,关闭环形防喷器(或工作闸板防喷器)并平衡防喷器压力,解锁并打开全封闸板,转移载荷至移动防顶卡瓦,开固定防顶卡瓦。

将液缸压力调整至零,提高油门至满负荷状态,将液缸控制手柄推至完全"向下"位置,按照计算的液缸压力,调节液缸压力,直至管柱开始下行。采用短行程下钻,直至整个下部管柱组合通过油管头。采用环形防喷器直接起下管柱时,还应增加液缸压力使接箍通过工作环形防喷器。随管柱重量的增加,逐渐降低液缸压力和下压力。注意任何时候下压力都不能超过计算的最大下压力。

起管柱(重管柱)时,将联顶节和悬挂器连接好,按规定扭矩紧扣,在联顶节顶部安装好全通径旋塞阀并处于开位,关移动承重卡瓦,松开顶丝,将液缸压力调整至零,提高油门至满负荷状态,将液缸控制手柄推至完全"向上"位置,按照式(5-1)、式(5-2)计算的液缸压力,调节液缸压力,直至管柱开始上行。注意达到计算的液缸压力管柱仍不上行时,必须开展安全分析工作,绝对不能超过本书第二章第二节计算的最大允许举升力。

二、置换防喷器组内空气

带压作业尤其是气井带压作业施工前,为了防止井口腔室空气与井内天

第五章　施工工艺

然气混合，消除爆燃风险，需将井口防喷器组腔室空气排出。通常情况下，关闭相应卡瓦和环形防喷器以确保下部管柱安全，关闭最上部的安全半封防喷器，关闭平衡/泄压阀，打开工作防喷器组，用清水将井口腔室灌满排出空气，最后关闭环形防喷器，打开泄压阀将腔室内清水排出。

当不具备用清水置换空气时，先用卡瓦和环形防喷器确保下部管柱安全，关闭平衡/泄压阀，开油管头四通外侧的阀门，使气体流动到平衡阀，并检查是否有泄漏；通过平衡阀缓慢将工作防喷器内压力升高到 0.5MPa 左右，检查是否有泄漏，然后关闭平衡阀，通过泄压阀缓慢释放工作防喷器内的压力，关闭泄压阀。这样重复 2~3 次就可将工作防喷器内的空气吹扫出去。

三、起下管柱作业程序

管柱起下作业主要包括环空压力控制和卡瓦使用两个方面。第四章第二节详细讲解了工作防喷器使用与压力控制方法，包括通过环形防喷器起下、通过环形防喷器+闸板防喷器起下和通过环形防喷器+两个闸板防喷器起下三种类型，本节主要讲述带压起下作业时卡瓦的使用方法。下面主要以利用环形防喷器控制环空压力，介绍下管柱、起管柱作业时卡瓦的使用。

1. 下管柱作业

下管柱作业主要包括轻管柱（含底部管柱组合）下入、平衡点（中和点）测试、重管柱下入三个关键环节。

1）轻管柱下入

（1）首根管柱下入。

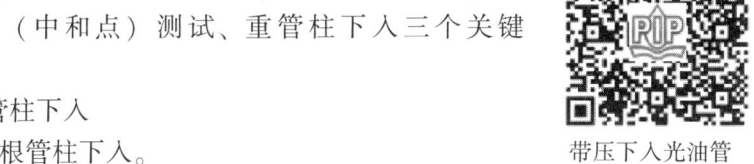

带压下入光油管

对于首根管柱，下入之前应按照第二章的要求安装管柱内压力控制工具。首根管柱下入步骤如下：

① 在确保全封闸板防喷器完全关闭的前提下，打开上部的工作防喷器和其他安全防喷器。

② 通过作业机绞车或吊车等其他辅助起吊设备将带有管柱内压力控制工具的管柱从地面提升至操作平台，打开全部卡瓦，将管柱缓慢下至全封闸板位置，然后上提约 0.5~1.0m，关移动承重卡瓦和防顶卡瓦，关固定防顶卡瓦，关工作环形防喷器。

③ 按本节"置换防喷器组内空气"要求吹扫防喷器组内空气。

④ 关闭泄压阀，缓慢开启平衡管线的节流阀（或旋塞阀），井筒压力通

过平衡管线平衡全封闸板上下压力，注意观察压力变化和内防喷工具密封情况，并在环形工作防喷器上倒入适量润滑油，以减少下管柱作业对环形防喷器的摩擦，降低对胶芯的磨损。

⑤ 设置环形工作防喷器关闭压力，确保既能控制住井内压力又能保证管柱移动，环形工作防喷器上补偿瓶压力应当介于 2.5～2.8MPa（350～400psi）。

⑥ 按照本节"液缸压力设置"的方法设置液缸下压力，为防止发生弯曲，液压缸位置要尽可能低，将液缸压力调整至零，提高油门至满负荷状态，将液缸控制手柄推至完全"向下"位置，增加液缸压力，直至管柱开始下行。

⑦ 全封闸板上下压力平衡后，打开全封闸板防喷器，采用一般管柱下入程序将管柱下入井内。

（2）一般管柱下入。

管柱下入过程中，载荷转移是非常重要的一个作业环节，所谓载荷转移是指将固定卡瓦和移动卡瓦上承受的力按工作需要进行上下转换的过程，就是打开一副卡瓦时确保有另外一副卡瓦关闭并且该关闭卡瓦已经"咬住"管柱，防止管柱"飞出"或"落井"。管柱下入流程如图 5-2 所示，步骤如下：

① 关闭固定防顶卡瓦和移动防顶卡瓦，将新管柱连接到井内管柱上，完成接单根，如图 5-2(a) 所示。

② 缓慢上提管柱，将上顶力从移动防顶卡瓦转移到固定防顶卡瓦，打开移动防顶卡瓦，如图 5-2(b) 所示。

③ 起升液缸，此时管柱由固定防顶卡瓦控制，如图 5-2(c) 所示。

④ 当液缸起升到指定位置时停止，关闭移动防顶卡瓦，轻轻下压管柱，将上顶力从固定防顶卡瓦转移到移动防顶卡瓦，如图 5-2(d) 所示。

⑤ 打开固定防顶卡瓦控制，管柱由移动防顶卡瓦控制，如图 5-2(e) 所示。

⑥ 下放液缸，此时管柱由移动防顶卡瓦控制带压下入井内，如图 5-2(f) 所示。

⑦ 当液缸下放至行程底部时停止，关闭固定防顶卡瓦，缓慢上提管柱，将上顶力从移动防顶卡瓦转移到固定防顶卡瓦，如图 5-2(g) 所示。

⑧ 打开移动防顶卡瓦，此时将上顶力从移动防顶卡瓦转移到固定防顶卡瓦，重复以上步骤直至完成管柱下入作业，如图 5-2(h) 所示。

载荷转移操作方法

第五章　施工工艺

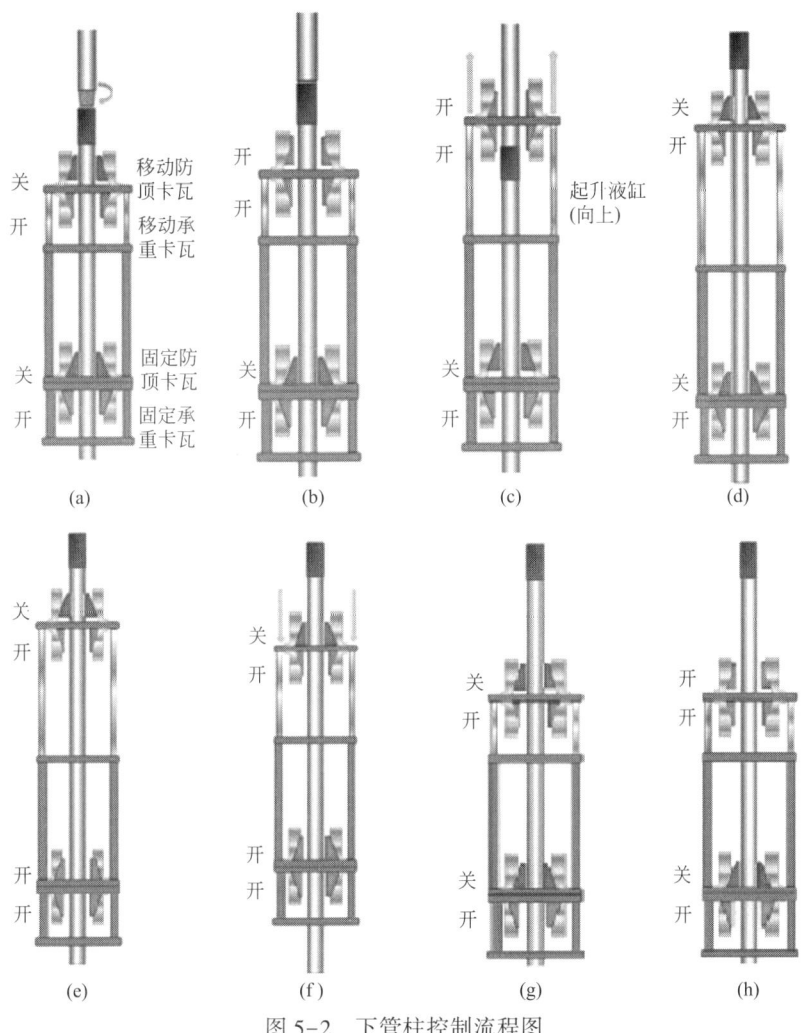

图 5-2　下管柱控制流程图

移动防顶卡瓦与固定防顶卡瓦在转换使用时应注意卡瓦载荷的相互转移，否则容易酿成卡瓦无法打开，甚至管柱"飞出"的严重后果。

2）平衡点测试

重复以上步骤，当下入的管柱长度接近理论计算的中和点时，一般至少提前 5 根管柱，必须逐根进行重管柱测试，主要是由于计算误差、井筒摩擦力、防喷器摩擦力等影响，如果不提前进行平衡点测试，可能导致管柱落井的风险，甚至发生井控风险。

3) 重管柱下入

进入重管柱状态后，利用固定承重卡瓦和移动承重卡瓦转换来下入管柱，调节液缸压力推动管柱接箍通过环形工作防喷器；如果是辅助式带压作业机，这时就可以转到利用修井机来进行带压下钻作业。

轻重管柱测
试操作方法

2. 起管柱作业

1) 起重管柱

对于井口压力小于环形防喷器工作压力时，只需关闭环形防喷器密封管柱，直接利用液缸（独立式）或作业机大钩（辅助式）起下管柱。

2) 平衡点测试

当起出管柱接近中和点深度时，应进行轻管柱测试。

3) 起轻管柱

起轻管柱时，必须使用防顶卡瓦来克服管柱的上顶力，移动防顶卡瓦和固定防顶卡瓦交替卡住管柱，通过液压缸循环举升和下压完成管柱的起下作业。

对于没有标记的油管，当接近油管堵塞器 100m 时，应逐根探测堵塞器位置。起堵塞器以下的短管柱时，可以使用升高短节或防喷管，导出下部管柱。

3. 起下管柱的安全技术要求

（1）施工前应确认闸板防喷器手动锁紧装置解锁到位，打开后应确认防喷器闸板全开到位。

（2）施工过程操作人员之间应保持信息通畅，起下管柱速度由司钻和操作手商定。管柱为重管柱，作业机辅助作业时，司钻应以安全稳定的速度起下管柱，以便带压作业操作手有足够时间打开和关闭卡瓦，并保证带压作业员工不会因作业机设备进入带压作业操作平台而处于危险中。

（3）设置环形防喷器关闭压力，达到既能使管柱顺利通过环形防喷器，又能控制井口压力。

（4）起管柱过程中应观察指重表变化，上提负荷不应超过第二章计算的最大许用举升力；轻管柱起下时，液压缸行程要小于油管安全无支撑长度。

（5）起下管柱过程中，利用平衡泄压系统进行压力控制时，开关速度要慢，以减少冲击、刺漏。

第五章 施工工艺

（6）下管柱过程中，应在环形防喷器胶芯上喷淋适量的润滑油，如液压油、机油等；起管柱（特别是含硫油气井）过程中，应在环形防喷器以上喷淋适当的不易燃液体，如清水、氯化钾液体等。

（7）工作管柱优先选用直连扣或带斜坡接头，油管也优先选用带倒角的接箍。油管入井前应核实到井油管质量检验报告，核对规格、数量；外观检查不应有弯曲、坑蚀、严重锈蚀、螺纹损坏等现象；对油管进行逐根排列、丈量、编号及造册登记；应用标准内径规通内径，通过方为合格。

（8）下管柱时要求油管及螺纹干净清洁，螺纹密封脂应均匀涂抹在外螺纹上，用液压油管钳上扣，应先人工引扣，防止管柱螺纹错扣，上扣时，背钳应卡在油管本体上，同时对接箍工厂端和上扣端进行紧扣，按规定扭矩上紧；卸扣时，背钳应卡在油管接箍上，防止对接箍工厂端松扣。

（9）带压起下过程，操作平台上至少应配备一套合格的旋塞阀、开关工具或高压阀门，地面备防喷单根，旋塞阀、高压阀门处于开位。暂停起下作业时，应遵照本章第八节要求进行作业。

（10）人员在上下工作平台梯子、进入或者离开工作台以及人员在井架梯子上时，应停止起、下作业。

4. 重管柱下入悬挂器

根据井口压力大小，悬挂器的下入流程可划分为两种情况。第一种情况是当井口压力小于环形防喷器工作压力时，可以倒换环形防喷器与闸板防喷器或倒换两个工作闸板防喷器来下入油管悬挂器；第二种情况是当井口压力大于环形防喷器工作压力时，只能通过倒换两个工作闸板防喷器来下入油管悬挂器。

1）井口压力小于环形防喷器工作压力的情况

当井口压力小于环形防喷器工作压力时，下入悬挂器具体步骤如下：

（1）关闭工作下闸板防喷器，释放防喷器上部压力，打开环形防喷器，下放悬挂器通过环形防喷器至上工作闸板防喷器，关闭环形防喷器［图5-3(a)］。

带压下油管悬挂器

（2）当悬挂器位于工作防喷器内适当位置时，记录管柱重量。

（3）关闭环形防喷器，关闭泄压阀，缓慢打开平衡阀，平衡工作防喷器组压力，如图5-3(b)所示。

（4）关闭固定防顶卡瓦，打开工作半封闸板防喷器。

(5) 打开固定防顶卡瓦,下放油管悬挂器,使之坐入油管头四通内[图5-3(c)]。

(a) 悬挂器在上工作闸板腔　　(b) 平衡下工作闸板压力,开下工作闸板　　(c) 坐悬挂器,顶顶丝

图 5-3　低压井下悬挂器步骤

2) 井口压力大于环形防喷器工作压力的情况

当井口压力大于环形工作防喷器工作压力时,下入悬挂器步骤如下:

(1) 泄掉工作防喷器之间压力,打开上半封闸板防喷器。

(2) 下放悬挂器至两个工作防喷器闸板之间的适当位置时,读取并记录管柱重量。

(3) 关闭上闸板防喷器,关闭泄压阀,缓慢打开平衡阀,平衡闸板防喷器压力。

(4) 关闭固定防顶卡瓦,打开工作下半封闸板防喷器。

(5) 打开固定防顶卡瓦,下放油管悬挂器,使之坐入油管头四通内。

3) 下悬挂器安全技术注意事项

(1) 应提前测量油管头顶丝至带压作业机卡瓦顶部的距离以及闸板腔中心至卡瓦顶部的距离,以备作业参考。

(2) 联顶节顶部连接好旋塞阀,并处于开启状态。

(3) 尽可能减小液缸行程,在安全下压力范围内下压液缸 45~50kN,检验悬挂器是否已经正确坐挂,然后将油管挂顶丝上紧。

(4) 应确保油管悬挂器坐挂后油管头四通顶丝全部顶紧,在释放上部压力前应进行提拉测试,以检验油管悬挂器已经固定牢靠,上提负荷比原管柱多 30~50kN。

(5) 关闭平衡管线一侧的套管阀门,打开泄压阀门,缓慢(一次压降不

第五章 施工工艺

要超过 3.5MPa）放掉防喷器组的内部压力，压力放至原有压力一半时，应观察 10~15min，如果压力不变，则放完防喷器组内的压力，检查油管头四通，油管挂密封应合格，打开环形防喷器和移动卡瓦，将提升短节卸扣起出，关闭并锁紧全封防喷器。

5. 重管柱起出悬挂器

起悬挂器前，应将提升短节涂好密封脂，与油管挂连接并按规定扭矩上扣，关闭移动防顶卡瓦，进行压力测试和拉力测试。同样，起出悬挂器根据井口压力大小也可分为两种情况。

带压起油管悬挂器

1) 井口压力小于环形防喷器工作压力的情况

当井口压力小于环形防喷器工作压力时，通过环形防喷器与闸板防喷器倒换起出悬挂器，按下列步骤进行：

（1）关闭移动承重卡瓦和移动防顶卡瓦，关闭环形防喷器，关闭泄压阀，开平衡阀，用井筒内压力平衡悬挂器上下的压力，如图 5-4(a) 所示。

（2）将油管头上顶丝松退到标记位置或完全退出位置，如图 5-5 所示。

（3）缓慢上提管柱直到油管悬挂器轻轻顶住环形防喷器胶芯，然后下放管柱至少 15cm；有两套工作闸板防喷器时，可以下放管柱将悬挂器放在上工作闸板腔内，如图 5-4(b)、图 5-4(c) 所示。

（4）关固定承重卡瓦，转移载荷，开移动卡瓦组，下放液缸，关移动承重卡瓦和防顶卡瓦，转移载荷，关工作防喷器闸板（有两套工作闸板防喷器时，最好关闭下工作闸板）；关平衡阀、开泄压阀，缓慢释放工作防喷器组上部压力，同时观察指重表和压力表，如图 5-4(d) 所示。

（5）当工作防喷器组内无压力，重量没有改变，打开环形防喷器及固定承重卡瓦。

（6）继续上提管柱使悬挂器到达操作平台平面或环形防喷器以上适当位置，卸下油管悬挂器和提升短节。

（7）关闭环形防喷器，平衡压力，打开工作闸板防喷器，进入起管柱工况。

2) 井口压力大于环形防喷器工作压力的情况

当井口压力大于环形工作防喷器工作压力时，必须通过倒换两个工作闸板防喷器来起出油管悬挂器，按下列步骤进行：

（1）关上工作闸板防喷器，关闭泄压阀、开平衡阀，用井筒内压力平衡悬挂器上下的压力。

（2）将油管头上顶丝松退到标记位置或完全退出位置，如图 5-5 所示。

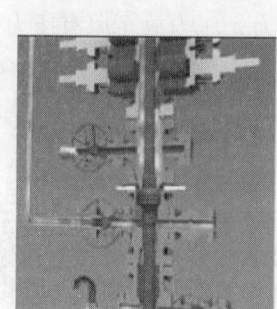
(a) 平衡悬挂器上下压力，松开顶丝

(b) 起悬挂器至上工作闸板腔

(c) 关平衡阀

(d) 关下工作闸板，泄压，开环形防喷器

图 5-4　低压井起悬挂器步骤

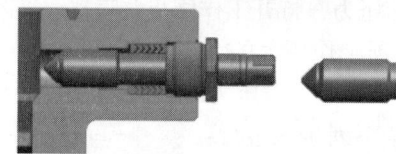

(a) 带标记槽的顶丝装配　　(b) 顶丝标记槽

顶丝的开关两种工作状态指示

图 5-5　油管挂顶丝顶紧位置与完全退出位置

(3) 打开移动防顶卡瓦,上提管柱直到悬挂器位于法兰短节内[用步骤(2)得到的测量值]。

(4) 关闭移动防顶卡瓦与下工作闸板防喷器,关平衡阀,缓慢开泄压阀,按3.5MPa压力为一级逐渐泄掉防喷器组内压力,同时观察指重表和压力表。

(5) 当工作防喷器组内无压力,重量没有改变,打开上工作闸板防喷器及移动防顶卡瓦。

(6) 继续上提管柱使悬挂器到达操作平台平面或环形防喷器以上适当位置,卸下油管悬挂器和提升短节。

(7) 进入起管柱工况。

3) 起悬挂器安全技术注意事项

(1) 应提前测量油管头顶丝与工作闸板腔中心之间的距离,在位于固定卡瓦顶部的提升短节处做好标记,以备作业参考。

(2) 联顶节顶部连接好旋塞阀,并处于开启状态。用液缸以约4~5t的力下压联顶节,有利于顶丝退出、抵消部分上顶力。

(3) 平衡和泄压时,阀门开关应缓慢,一次压降不要超过3.5MPa,逐渐平衡防喷器组的内部压力。

(4) 观察指重表和压力表:钻机辅助式带压作业时,司钻观察指重表,带压作业操作手观察下压力表;独立式带压作业时,操作手应同时观察两只表。

第三节 冲砂作业

油、气、水井在生产过程中地层往往会出砂,这些砂子可能会掩埋部分甚至全部产层,同时这些砂子流到地面会对设备造成破坏,因此冲砂作业也是带压修井作业的重要内容之一。

同常规压井冲砂作业一样,带压作业包括正冲砂、反冲砂或正反冲砂。正冲砂是指冲砂介质从管柱内向下流动,在管口以较高的流速冲击井底沉砂,冲散的砂子与冲砂介质混合后,沿冲砂管柱与套管环形空间上返至地面的冲砂方式。反冲砂是指冲砂介质沿冲砂管柱与套管环形空间向下流动,冲击井底沉砂,冲散的砂子与冲砂介质混合后,沿冲砂管柱内部上返至地面的冲砂

方式。冲砂介质可以采用原油、清水、盐水、泡沫、氮气或天然气等，高压井可以采用钻井液作为冲砂介质，一般油井用原油或水作为冲砂液，水井用清水作为冲砂液，气井可以用氮气、天然气、清水或适当密度的盐水作为冲砂介质。

对于井口压力高、地层压力较高（地层压力系数较高）、含硫化氢的油、气、水井，可用液体冲砂介质来降低井口压力、隔离有毒气体，采用正冲砂方式达到安全、快速冲砂的效果。对于地层压力低、液体冲砂介质无法建立循环的天然气井，可以用泡沫或气体作为介质进行反冲砂方式作业，采用泡沫作为冲砂液时需要考虑泡沫在井下的稳定性，采用的气体主要是氮气，也可以利用天然气气井的地层自身能量进行反冲砂作业。无论采用哪种冲砂方式，地面流程应做好节流、除砂、监测等方面的准备。

一、水力冲砂计算

冲砂的工作液需要根据井下油气层物性来选用，一般要求具有一定黏度，以保证有良好的携砂性能；与油层配伍性好，不损害地层；对带压冲砂来讲要求密度适当，既要降低冲砂液漏失，又要保证井口防喷器组在最大预计工作压力范围内。

冲砂时为使携砂液将砂子带到地面，液流在井内的上返速度必须大于最大直径的砂子在携砂液中的下沉速度，推荐速度比不小于2，计算公式如下：

$$v_t > 2v_d \qquad (5-3)$$

式中　v_t——冲砂液上升速度，m/s；

v_d——砂子在静止冲砂液中的自由下沉速度，m/s，见表5-2和表5-3。

由式(5-3)可得出保证砂子上返至地面的最低速度：

$$v_{\min} = 2v_d \qquad (5-4)$$

冲砂时所需要的最低排量：

$$Q_{\min} = 3600 A v_{\min} = 7200 A v_d \qquad (5-5)$$

式中　$Q_{\min}$——砂子上返至地面的最低排量，m^3/h；

A——砂子上返通道的截流面积，m^2，正冲砂时为油套环空横截面积，反冲砂时为油管内横截面积；

$v_{\min}$——砂子上返至地面的最低速度，m/s。

砂子全部返出地面时所需要的总时间：

第五章 施工工艺

$$t = \frac{H}{v_s} = \frac{H}{v_t - v_d} = \frac{H}{v_{\min} - v_d} = \frac{H}{v_d} \tag{5-6}$$

式中　t——砂子上返至地面的总时间，s；

　　　H——最大冲砂深度，一般为井深，m；

　　　v_s——砂粒上升速度，m/s，$v_s = v_t - v_d$。

表 5-2　密度为 2.65g/cm³ 的石英砂在水中的自由沉降速度

平均砂粒大小 mm	水中下降速度 m/s	平均砂粒大小 mm	水中下降速度 m/s	平均砂粒大小 mm	水中下降速度 m/s
11.9	0.393	1.85	0.147	0.200	0.0244
10.3	0.361	1.55	0.127	0.156	0.0172
7.3	0.303	1.19	0.105	0.126	0.0120
6.4	0.289	1.04	0.094	0.116	0.0085
5.5	0.260	0.76	0.077	0.112	0.0071
4.6	0.240	0.51	0.053	0.080	0.0042
3.5	0.209	0.37	0.041	0.055	0.0021
2.8	0.191	0.30	0.034	0.032	0.0007
2.3	0.167	0.23	0.0285	0.001	0.0001

表 5-3　密度为 2.65g/cm³ 石英砂在油中的自由沉降速度

名称	原油温度，℃	20	25	30	35	40	45	50
脱气无水原油	原油黏度，mPa·s	74	41	8	25	24	—	22
	粗砂下降速度，cm/min	78	95.5	202	273	400		600
	细砂下降速度，cm/min	13.7	5	66.5	5	111	—	143
脱气乳化原油	原油黏度，mPa·s	2616	2074	1431	1169	939	737	512
	粗砂下降速度，cm/min	2.92	3.05	3.30	3.55	4.8	5.6	9.24

二、冲砂作业程序

无论正冲砂或是反冲砂作业时，管柱上至少有两级及以上的机械屏障，保证一级屏障失效后也能顺利控制管柱内压力，管柱内堵塞具体要求详见第三章。

1. 正冲砂作业

1）正冲砂管柱内压力控制要求

正冲砂时，一般要求管柱底部至少带有两级机械屏障，只需要将管柱下到砂面就可以直接冲砂，然后直接起出管柱，因此正冲砂管柱结构简单，施工难度小。正冲砂管柱内堵塞典型方式如图5-6所示，油水井可以不采用坐放短节。

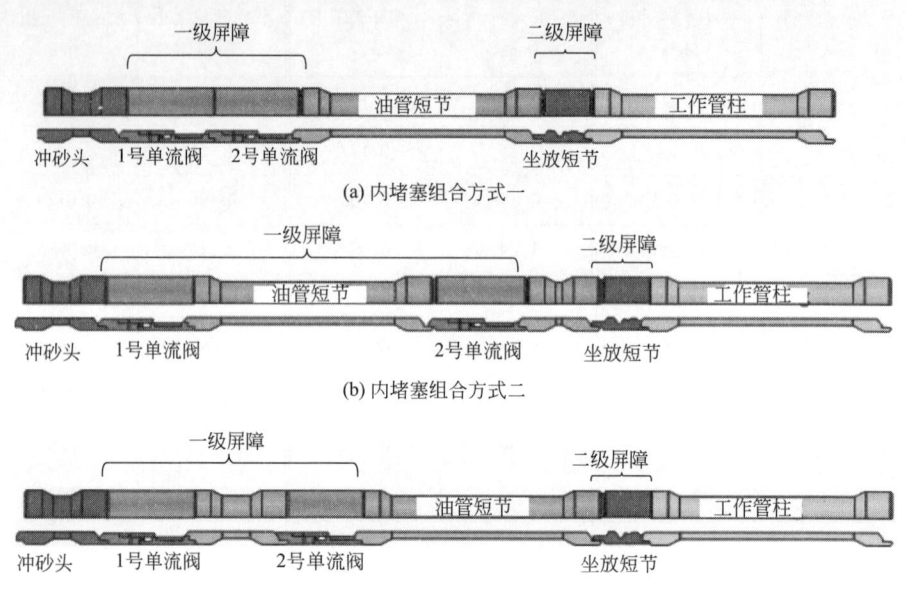

图5-6 正冲砂管柱内堵塞典型方式

2）正冲砂作业流程

高压井正冲砂典型作业案例参见第九章案例一。

(1) 下冲砂管柱探砂面。

① 带压下入冲砂管柱至预计砂面以上10m。

② 接单根反复探砂面，核实砂面位置。

③ 探砂面后，上提管柱使磨鞋位于砂面以上3~5m。

(2) 连接冲砂管线及地面流程。

① 连接管柱，油管上依次连接油管短节、全通径旋塞阀、水龙头（轻便水龙头或动力水龙头）、水龙带，旋塞阀处于全开状态。

② 水龙带与立管连接，立管与压井管汇连接，节流管汇与除砂器（捕捉

器)、油管四通连接,节流管汇出口与分离器连接(水井直接连到放喷池),分离器内的循环液管线与计量罐连接(计量罐通过泵输送到储液罐),油气部分连接到放喷池。

③ 泵车与储液罐和压井管汇连接。

④ 关闭两侧套管阀门,分别对地面流程和冲砂管线进行试压。

(3) 冲砂。

① 启动泵车,缓慢提高泵车排量至所需排量,同时缓慢打开节流管汇的节流阀,根据砂面下部压力控制背压,保持泵车排量不变(油水井直接进行下一步),循环操作,重新调整节流管汇节流阀(节流阀需要满足可以完全关闭的要求,建议使用液动超级节流阀)控制背压。

② 冲下一柱管柱后,要充分循环,缓慢降低泵的排量至停泵,同时缓慢关闭节流阀至关闭,始终保持一定的背压,卸掉油管内压力。

③ 接单根冲砂管柱,缓慢启动泵并提高排量至所需排量,同时缓慢打开节流阀,保持一定背压,继续冲砂作业。

④ 重复上述操作,直至冲至目标井深,充分循环 1.5 倍井筒容积,直至出口目视无砂或静止后砂面深度符合要求。

⑤ 按照带压起管柱规程带压起冲砂管柱。

2. 反冲砂作业

1) 反冲砂管柱内压力控制要求

反冲砂前,先要下管柱探砂面,然后起出堵塞器进行冲砂作业,冲砂结束后需要重新堵塞管柱才能起出管柱,因此管柱结构不同于正冲砂。典型冲砂管柱结构如图 5-7、图 5-8 所示。

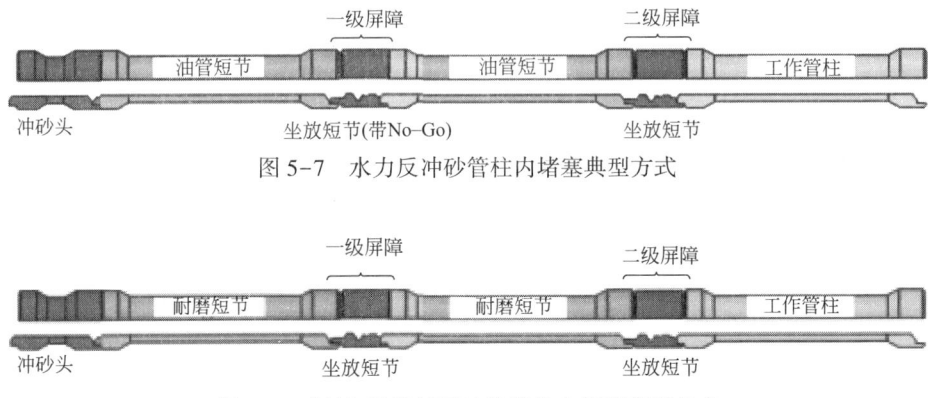

图 5-7 水力反冲砂管柱内堵塞典型方式

图 5-8 氮气/天然气反冲砂管柱内堵塞典型方式

如果砂面较厚，反冲砂时需要连接新的单根就必须连接冲砂旋塞阀（Slimhole Valve），这种旋塞阀结构和常规旋塞阀一样，为全通径旋塞阀，但它的外径小于相应套管的通径，同时又具有较高的抗拉强度，如图 5-9 所示。

图 5-9 冲砂旋塞阀

同时由于管柱内径小，冲砂时流速快，容易在地面流程和井口的缩径、转向等处发生冲蚀，因此管柱上还应安装紧急关断阀（ESD），如图 5-10 所示。紧急关断阀（ESD）用于紧急情况下控制管柱内压力，也可以用作水龙头，施工过程中，吊卡悬挂提升环，下部油管扣与管柱连接，2in NPT 扣与水龙带连接，如图 5-11 所示。

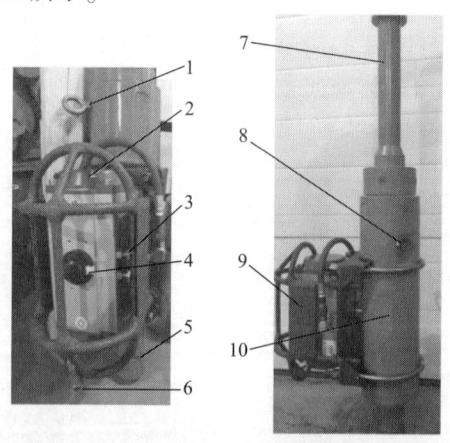

图 5-10 紧急关断阀（ESD）
1—提环；2—气动驱动器；3—校准螺栓；4—开/关指示；5—2$\frac{7}{8}$in 油管扣；6—进气口；
7—提升环；8—2in NPT 扣；9—气动驱动器护罩；10—铭牌

第五章 施工工艺

氮气或天然气冲砂时,气体携带砂粒会对坐放短节造成严重冲蚀,因此需要在坐放短节以下安装保护短节。保护短节内径与坐放短节相同,是外径加厚的一根油管短节,也称为耐冲蚀短节(blast joint),如图5-12所示。保护短节一般安装在坐放短节上端和下端,降低砂粒对坐放短节的冲蚀。

图5-11 反冲砂紧急关断阀(ESD)现场安装图

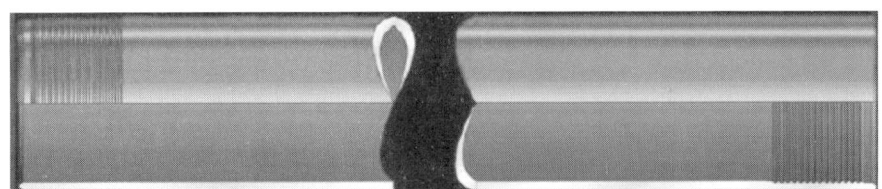

图5-12 耐冲蚀短节

2)反冲砂作业流程

(1)下冲砂管柱探砂面。

① 带压下入冲砂管柱至预计砂面以上10m。

② 接单根反复探砂面,核实砂面位置。

③ 探砂面后,上提管柱使磨鞋位于砂面以上3~5m,并且油管接箍位于操作平台以上1.2m左右处。

④ 在顶端油管连接冲砂旋塞阀(旋塞阀处于开位)。

（2）打捞堵塞器。

① 在冲砂旋塞阀上安装钢丝作业装置，试压。

② 下入打捞工具，打捞出堵塞器。

③ 将堵塞器起出防喷管后，关闭冲砂旋塞阀，泄掉冲砂旋塞阀以上的压力。

④ 拆除钢丝作业装置。

（3）连接冲砂管线和地面管汇。

① 依次连接一根油管+冲砂旋塞阀+0.5m 油管短节+ESD（处于开位）+高压水龙带，上部冲砂旋塞阀处于全开状态。

② 连接冲砂管柱。

③ 连接水龙带至地面流程。

④ 连接泵车与压井管汇，连接压井管汇与油管四通（用井内天然气作为介质时则不需要这个步骤）。

⑤ 分别对地面管汇和冲砂管线进行试压。

（4）冲砂。

① 平衡冲砂旋塞阀上、下压力，打开冲砂旋塞阀。

② 冲砂作业。打开油管四通阀门，启动泵车，缓慢提高泵车排量至所需排量，同时缓慢打开节流管汇的节流阀，根据井底最高压力控制回压，保持泵车排量不变。采用氮气或天然气作为冲砂介质时，氮气排量或天然气量应大于 $80m^3/min$。

③ 接单根。缓慢降低泵的排量至停泵，同时缓慢关闭节流阀，关闭冲砂旋塞阀，泄掉水龙带内压力，连接冲砂管柱，平衡冲砂旋塞阀压力并将其打开，缓慢启动泵并提高排量，同时缓慢打开节流阀，保持回压继续冲砂。

④ 重复上述操作，直至冲至设计深度，充分循环 1.5 倍井筒容积，检测无砂则结束冲砂施工。

（5）起冲砂管柱。

① 在井口冲砂旋塞阀上安装钢丝作业装置，投放堵塞器至坐放短节并逐级降低压力，检验合格。

② 按照带压起管柱规程带压起冲砂管柱。

（6）安全及质量控制措施。

① 冲砂时，应适当控制井口回压，避免造成气层吐砂，出现砂卡管柱现象。

② 冲砂水龙头的出口弯头角度不得小于 120°，内部需要进行处理增强硬

度，防止冲砂过程流砂刺穿管线。

③ 密闭沉砂罐储存的清水至少将冲砂管线出口淹没，防止爆炸着火事故发生。

④ 冲砂地面管线使用硬管线，按要求固定。

⑤ 排空的天然气应烧掉。

第四节　打捞作业

在油气井生产过程中，由于各种原因常引起井下落物和工具遇卡等井下事故。不仅影响油气井的正常生产，严重时会造成油井停产，迅速有效地处理井下事故，是保障油田正常生产的一项重要措施。

但因天然气井、注水井、注蒸汽井等井下环境的复杂性和特殊性，常规打捞作业不具备保护储层和环保作业的能力，具有一定的局限性，而带压打捞可确保储层不受二次污染与破坏，尽可能不影响已有的生产能力，作业过程安全环保。带压打捞遵循"抓得住、封得严、取得出"的作业思路，按照井下落物的类型和特点，设计入井打捞管串和密封方式，并结合井口带压装置类型，配套必要的防喷器、防喷管、悬挂装置，实现带压井下打捞、井口密封取出。

带压打捞需要专业的井口设备和入井打捞管串，在施工前要查清井况，正确选用工具和井口装备，制订可行的打捞措施，并严格执行操作规程。

一、带压打捞的分类

1. 按照落物种类进行划分

主要可分为管杆类落物打捞、小件落物及特殊落物打捞、绳类落物打捞三类。

1）管杆类落物打捞

管状落物指油管、钻杆、封隔器、井下工具、（断脱的）抽油杆、测试仪器、抽汲加重杆等。

2）小件落物及特殊落物打捞

小件及特殊落物指铅锤、刮蜡片、压力计、取样器和阀球、牙轮、电泵、仪器、防砂管柱等。

3）绳类落物打捞

绳类落物指录井钢丝、电缆、钢丝绳等。

2. 按照打捞难易程度进行划分

1）简单打捞

简单打捞是指井下落物管串长度可一次性全部容纳在带压装置高压密封腔内，通过相应操作一次性取出的带压打捞作业。

2）复杂打捞

复杂打捞是指井下落物管串长度不能一次性全部容纳在高压密封腔内，需在带压装置内进行防喷管倒换、带压倒扣或带压切割后，才能分段取出的带压打捞作业。

二、常用打捞底部管柱组合

1. 管杆类落物打捞工具管串

当原井管柱被卡时，不能通过倒扣方式来解除管柱遇卡状态。如果在管柱结构上有丢手接头时，可以正转丢手倒扣，如图5-13(a) 所示；如果没有丢手接头，可以通过化学切割或爆炸切割方式解除卡钻状态，如图5-13(b)、图5-13(c) 所示。

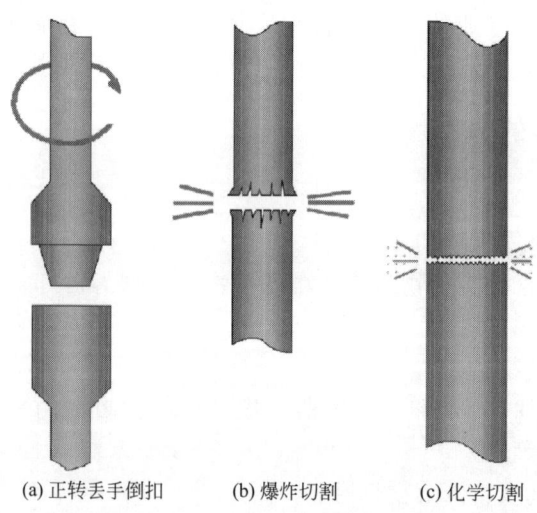

(a) 正转丢手倒扣　　(b) 爆炸切割　　(c) 化学切割

图5-13　原井管柱遇卡解除方法

第五章 施工工艺

落鱼管柱根据鱼顶状态,可能需要修整鱼顶,也可能需要套铣鱼顶周围,对于磨铣、套铣做法可参见本章第五节。直接打捞落鱼时可根据落物的外径、内径以及井内套管的通径大小,可选择公锥、母锥、滑块捞矛、可退式捞矛、卡瓦打捞筒、开窗捞筒等工具,选择打捞工具的原则是打捞工具应该具有丢手功能,如果工具没有丢手功能,可在单流阀以下配置一个特制的安全接头。

常见打捞作业推荐入井管柱结构为(自下而上):

(1)直井:打捞工具+(安全接头)+单流阀(1~2个)+震击器+钻铤+加速器+钻杆(油管)。

(2)水平井:打捞工具+(安全接头)+单流阀(1~2个)+震击器+钻杆(油管)+钻铤(或加厚钻杆)+加速器+钻杆(油管)。

典型带压打捞管柱下部组合如图5-14所示,需要注意的是在起下管柱时,应避免震击器在通过防喷器时激发震击动作,单流阀的位置尽可能靠近打捞工具。

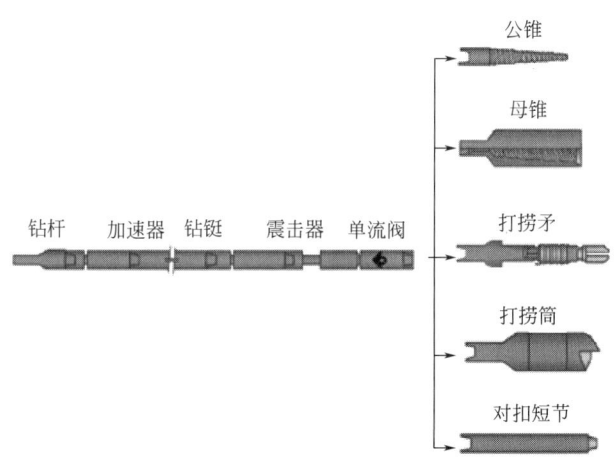

图5-14 典型带压打捞管柱下部组合

2.小件落物及特殊落物打捞工具管串

打捞管柱组合推荐为(自上而下):钻杆(油管)+单流阀+安全接头+打捞工具。

打捞钢球、钳牙、牙轮等铁磁性小件落物时,优先选择磁力打捞器;打捞体积很小或已经成为碎屑的落物,优先选择循环打捞器,如反循环打捞篮等;打捞其他未成为碎屑的落物,优先选择抓捞类打捞工具。除此外,针对某种特殊的落物,可自制专用的打捞工具,设计的打捞工具必须具备易捞、

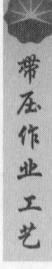

强度足够、结构简单、操作方便等特点。

3. 绳类落物打捞工具串

打捞管串组合推荐为（自上而下）：钻杆（油管）+单流阀+安全接头+打捞工具。

绳类落物主要有钢丝、电缆及各类钢丝绳，所用的打捞工具包括内钩、外钩、内外组合钩。加工内外钩时应在打捞工具上加装隔环，防止绳类落物跑到工具上端造成卡钻。

三、带压打捞的地面作业装置配套

1. 简单打捞的井口带压作业装置配套

简单打捞的带压作业装置基本配套按照第四章第一节"安全防喷器和工作防喷器的选择与配置"执行。同时，考虑井下落物的预计长度，可在安全防喷器组与工作闸板防喷器间，安装一定长度的防喷短节，使带压作业装置的上工作闸板、防喷短节、安全防喷器全封闸板之间组成的高压密封腔长度不低于打捞管串可控封堵位置的上截面至落物下截面的距离。

防喷短节工作压力不低于防喷器组的工作压力，通径不低于防喷器组的内通径，防喷短节的承重能力不低于带压作业机举升系统的最大举升力。

2. 复杂打捞的井口带压作业装置配套

所谓复杂打捞是指落鱼工具长度较长或较重的情况下，无法通过防喷管倒换来起出落鱼的情况，需根据单件工具长度是大于或小于高压密封腔长度来确定起出井口的方法。

对于单件工具长度小于高压密封腔长度的情况，只需在井口安全防喷器组增配一套卡瓦悬挂防喷器，具体位置可视情况而定，然后在带压作业装置内进行多次倒扣。

对于单件工具长度大于高压密封腔长度的情况，可在井口安全防喷器增配半封闸板、卡瓦悬挂防喷器，也可安装一套带压旋转内切割装置，用来将工具剪切后带压取出。

四、带压打捞的常规作业流程

1. 管杆类落物打捞作业流程

选用铅模、铅锥、通径规、井下电视等工具，进行带压井下探视，从而确定鱼顶形状、大小及落鱼状态等，为下一步打捞提供依据。在地面将打捞工具串进行连接，并按照入井工具试压要求进行地面试压。按照带压下入管柱的操作要求，向井内下入打捞管串。

按照打捞工具工作原理的不同，作业程序有所不同。

1) 矛类打捞工具

采用带压作业装置，将打捞管串下到鱼顶上部 1~2m 时进行正循环冲洗；逐步下放工具至鱼顶，待泵压突然上升，指重表悬重下降，说明公锥等打捞工具已进入鱼腔，可以进行上提打捞；一旦落鱼卡死，先进行解卡，再上提打捞。必要时，退出落鱼。

2) 筒类打捞工具

采用带压作业装置，将打捞管串下到鱼顶上部 1~2m 时进行正循环冲洗；逐步下放工具至鱼顶，指重表指针有轻微跳动后逐渐下降，泵压也有变化时，说明已引入落鱼，可以试提钻具，当悬重明显增加，证明已经捞获。可重复以上步骤，直至将落鱼引入工具并捞获。

按照带压起出井内管柱的技术和操作要求，起出单流阀以上的入井管串；将打捞工具及打捞落物提至安全防喷器以上，关闭全封闸板，泄压，打开工作防喷器组，起出打捞工具管串及打捞落物。检查打捞工具及打捞落物是否完整，如井内仍有落物残留部分，继续重复以上打捞步骤，直至井内落物全部取出。

2. 小件落物及特殊落物打捞流程

同管杆类落物打捞作业程序一样，首先了解落鱼情况，再下入相应小件落物及特殊落物打捞工具。按照打捞工具的不同，作业程序有所不同。

1) 正循环打捞篮

带压下工具管串至井底 3~5m 时开泵正循环洗井；边冲边下放钻具，遇阻时上提并做记号；快速下放，在距井底 1~2m 时停止下钻，继续正循环，造成井底紊流；循环 10min 后带压起钻。

2) 一把抓打捞工具

工具下至鱼头以上 1~2m，开泵正洗井，将落鱼上部沉砂冲净后停泵。带压下放管串，加钻压 20~30kN 后，可转动钻具 3~4 圈，待悬重表悬重恢复后，再加压 10kN 左右，转动钻柱 5~7 圈。将打捞管串提离井底，转动钻柱使其离开旋转后的位置，再下放加压 20~30kN 将变形抓齿顿死，即可提钻。

3) 强磁捞筒

当强磁打捞器下到离井底 3~5m 时开泵正循环冲洗井底；冲洗干净后，

缓慢下放钻具，触及落物；上提钻具，旋转90°，重复下放钻具，触及落物；确认落物已被吸住后，上提起钻。

完成打捞程序后，按正常起下管柱程序起出落鱼。

3. 复杂打捞的带压作业流程

同管杆类落物打捞作业程序一样，首先了解落鱼情况，再下入相应小件落物及特殊落物打捞工具。打捞作业时，按照矛类打捞工具、锥类打捞工具、筒类打捞工具的不同作业方法，将落物捞获，作业方法详见"管杆类落物打捞作业流程"。

起出单流阀以上打捞管柱，将井内剩余工具串悬挂在卡瓦防喷器处，并关闭鱼顶以上的全封防喷器。重新下入井口倒扣打捞工具至全封防喷器以上，关闭工作闸板防喷器和环形防喷器，平衡压力，开全封闸板，在装置高压腔内带压打捞在卡瓦防喷器处悬挂的井内工具，在带压装置内进行带压倒扣或带压切割，分段、多次起出打捞工具串及打捞的落物。

第五节　旋转作业

旋转作业包括钻磨桥塞和水泥塞、磨铣或套铣封隔器、段铣、裸眼钻进、开窗侧钻以及磨铣小件落物等作业。带压作业旋转作业方案设计时应从钻磨套铣作业底部钻具组合、钻磨工具选择、防喷器组布置、地面流程设计、磨铣套铣参数优化等方面，完善作业程序。

一、旋转作业下部管柱组合（BHA）

1. 作业管柱

作业管柱根据井筒条件、钻磨对象、作业介质、作业工艺要求，可以采用钻杆或油管进行钻磨作业。

2. 管柱旋转方式

旋转作业通常是通过井口转盘旋转、动力水龙头或井下马达旋转提供作业扭矩。一般压力较低的井可以采用转盘旋转或动力水龙头带动旋转的方式进行旋转作业，井口转盘和动力水龙头旋转带动钻柱整体旋转，钻柱不仅有上下运动，还有旋转运动，因此对地面环空密封装置动密封性能要求更高、密封件材料磨损更加剧烈。无论高压井或是低压井都可以采用井下马达旋转作业，由于钻杆或油管不参与旋转，钻柱与井口防喷器之间只有轴向的运动，没有轴向的转动，更容易达到对井口的密封要求，即使井口旋转仅仅作为辅助活动管柱的低速旋转作业。因此，带压旋转作业主要采用井下马达旋转作业。

3. 底部钻具组合

钻具组合设计时应考虑到下入、起出底部钻具组合方案，在钻磨工具上应直接安装至少一个单流阀，管柱也可增加一些扶正器、钻铤等以提高钻柱刚度、增加钻压，还可以增加一些短节确保安全起出，推荐底部钻具组合为：

（1）直井钻磨：钻磨工具+单流阀（1~2个）+钻铤（加厚钻杆）+捞杯+作业管柱。

（2）水平井钻磨：钻磨工具+单流阀（1~2个）+作业管柱+钻铤（加厚钻杆）+作业管柱。水平井钻磨作业钻铤不能加到水平井井段，一般加在直井段。

二、磨铣工具选择

磨铣工具的选择应根据落鱼的性质、材质、是否稳固等因素，结合作业经验综合选择磨铣工具的类型、外径、内径、布齿方式、硬质合金类型、镶嵌方式等。常用的磨铣工具包括磨鞋、引子磨鞋、铣锥与铣柱、套铣鞋、锻铣工具等。

1. 磨鞋

磨鞋通常用于磨除桥塞、封隔器、水泥塞或其他阻碍井眼的碎块，也可用于磨掉被卡住的油管、钻杆等，磨鞋按底部形式包括平底磨鞋、凹底磨鞋，有整体式磨鞋，也有三刀翼、四刀翼、六刀翼的磨鞋，典型磨鞋形式如图5-15所示。裸眼井作业时磨鞋外径一般比井眼小3mm（1/8in），周边带铣齿的磨鞋、铣鞋，磨鞋上面加一个外径等于磨鞋外径的扶正器［图5-15(b)］；套管内作业时磨鞋外径一般等于套管通径，周边带铣齿（表面光滑）的磨鞋、铣鞋，为减少磨损套管的风险，磨鞋上面加一个外径等于磨鞋外径的扶正器，还可在磨鞋上方加一个外径等于磨鞋外径的扶正块［图5-15(a)、图5-15(c)］。

2. 引子磨鞋

引子磨鞋可高效磨铣套管、衬管、铣鞋、铣管或内径较大油管，磨鞋外

径大于工具接头或磨鞋接头外径的 5~6mm（1/4in），引子外径应与落鱼的内通径大小一致，典型引子磨鞋形式如图 5-16 所示。

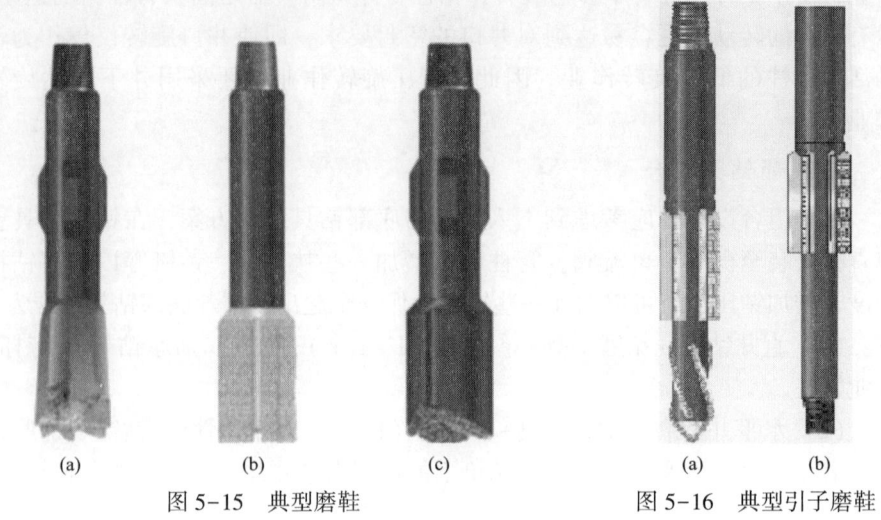

图 5-15　典型磨鞋　　　　　　　　图 5-16　典型引子磨鞋

3. 铣锥与铣柱

铣锥用于逐渐扩大井眼通道、修复挤毁的套管和衬管，如图 5-21(a) 所示；铣柱主要用于修复挤毁的套管和衬管、消除键槽和狗腿，如图 5-17(b) 所示。

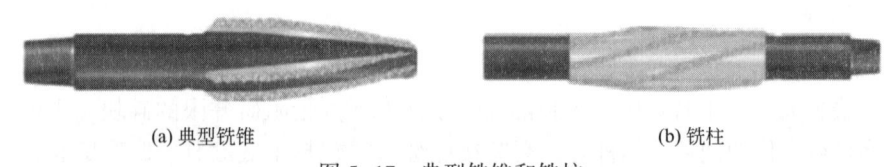

(a) 典型铣锥　　　　　　　　　　　(b) 铣柱

图 5-17　典型铣锥和铣柱

4. 套铣鞋

套铣鞋，也称为铣圈、铣鞋，通常用于清除被卡管柱外壁上的沉砂、钻井液、机械落物等，以及套铣封隔器、桥塞卡瓦等。套铣鞋可以分为适用于裸眼井（图 5-18）的套铣鞋和适用套管井（图 5-19）的套铣鞋，套铣鞋的内径比铣管的内径至少小 1.5~2mm（1/16in），外径比铣管的外径至少大 1.5~2mm（1/16in），这样便于套铣出的碎屑排出。

第五章 施工工艺

(a) 仅在底部和外壁布齿型　(b) 底部、内外壁布齿型　(c) 仅外壁布齿型　(d) 底部、内外壁布齿型

图 5-18　适用于裸眼井的套铣鞋

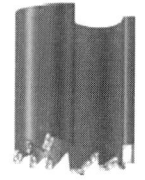 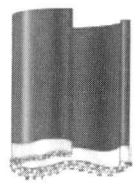   

(a) 底部锯齿型　(b) 底部波浪齿型　(c) 底部、内壁布齿型　(d) 底部、内壁布齿型　(e) 底部、内壁布齿型

图 5-19　适用于套管井的套铣鞋

三、防喷器组布置和地面流程设计

井口防喷器组合的布置应结合钻磨工艺与钻磨管柱的需要，旋转方式采用主动转盘、动力水龙头和井下马达带动钻具，可采用环形防喷器或工作闸板防喷器来密封油套环形空间的压力。一般压力较低的直接采用工作环形防喷器控制管柱旋转期间的环空动密封，压力较高的采用工作闸板防喷器控制管柱上下运动环空动密封，也可直接采用井下马达带动管柱旋转。闸板防喷器尺寸应与钻磨管柱匹配，特别是底部钻具组合（BHA）的钻铤、加重钻杆、震击器、螺杆等，详见第三章。

对于采用修井机、钻机转盘驱动六方方钻杆来带动旋转作业的，在防喷器组的最上部必须增加旋转防喷器来保证方钻杆的密封。

带压作业不同于常规压井钻磨方式，带压钻磨产生的钻屑需要经过可以承受一定压力的除砂器或捕屑器加以清除，同时地面可能还要应设置捕屑器、节流管汇和分离器等，因此地面泵注流程和返排流程应结合工艺需要合理布置，图 5-20 所示是某井锻铣套管地面流程设计图。

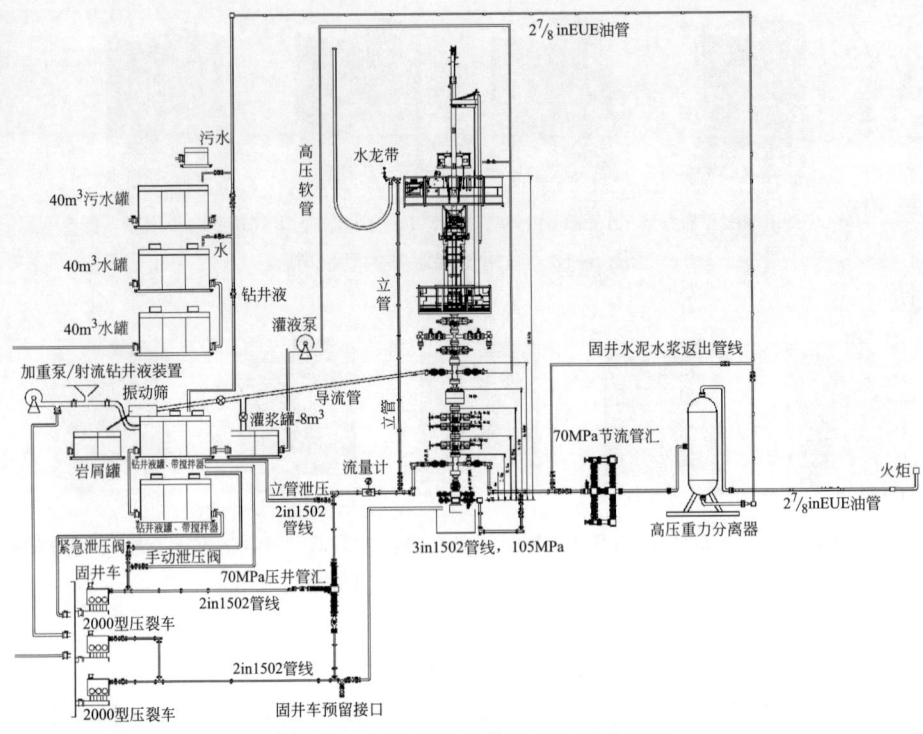

图 5-20 某井锻铣套管地面流程设计图

四、磨铣、套铣参数优化

带压作业具有能很好保护油气层的特点，因此带压作业循环介质不同于常规压井钻磨作业，可以采用低于地层压力系数的钻井液、清洁无固相工作液，甚至是天然气或氮气，如页岩气桥塞钻磨通常采用压裂用滑溜水、KCl 活性水等，一些低压生产气井也常用氮气作为循环介质。

磨铣、套铣进尺效果通常与磨铣对象的类型和稳定性有很大关系，这要从选择适应的磨铣工具上着手，进而优化钻压、转速和循环排量。带压钻磨作业不应追求过高的进尺速度，因为过高钻压和转速可能产生较大碎块，容易引起卡钻，因此必须控制钻磨速度，尽可能产生较小碎块，例如钻磨一个压裂复合桥塞，可以让操作手每分钟下放 1~2cm，使每个桥塞的钻磨时间控制在 1h，虽然时间很长，但这样产生的碎块小，不易卡钻。

按照工作介质、套管内径、磨鞋（铣鞋）直径、井底温度等选择相应的马达参数,应考虑最小环空返速和钻磨速度、钻压。一般要求钻磨时环空流体的上返速度必须大于 0.6m/s,然后计算出管柱内要求的泵注排量,根据泵排量与给定马达转速的匹配关系,从而确定马达转速和最大、最小钻压。

磨鞋、铣鞋工具也有一个最大最小转速、钻压,应根据工具提供的参数,结合马达参数,进一步优化钻压、转速和排量。还可以通过返出的铁屑尺寸来进一步优化施工参数,理想的切削通常是铁屑厚 2.36~6.35mm、长 50.8~101.6mm,如果切削薄或像头发丝一样,转速又小,那么应增加钻压;如果切削较大,就要降低钻压、增加转速。

五、磨铣推荐作业流程

在磨铣工具入井前,必须测量好工具外径,测量下部钻具组合各工具的外径、内径长度,同时必须有匹配的打捞工具。钻磨作业典型案例参见第九章案例二、案例五。

(1) 依次连接磨铣工具、单流阀、马达和钻铤,直井钻磨时至少有一个捞杯(推荐 2 个)。

(2) 下入距离鱼顶 2~3m 左右时,上下活动钻具,然后开泵和停泵、活动钻具,主要是测量在井口带压情况下管柱重量和摸索循环排量对泵压的影响,特别是对地面流程回压的控制。建立了正确的循环,返出量不小于泵入量。

(3) 循环的同时,慢慢下放钻具,加压 1~2t 探鱼头。

(4) 在操作台上标记管柱深度,选择的参照点一定是固定的,在卡瓦的上部也要做标记。

(5) 上提管柱 2~3m,调整到所需排量,转动管柱的同时,缓慢下放管柱,按优化的钻磨参数施加钻压。不要先加钻压再旋转,这样可能损坏磨鞋切削面,也不要轻加钻压然后旋转。

(6) 每磨铣 1~2m,上提磨鞋 3~5m,上下拉划井眼。若是水平井压裂管柱,且根部返出很多砂,接单根时,控制背压、多循环,防止卡钻,在不拆水龙带的情况下尽可能多拉划井眼、多做提拉测试。这是由于管柱本身有一定的拉长量,而液缸行程(3m)不足以拉划彻底,因此还可以保持马达低转速转动(20r/min)循环。

(7) 停止磨铣时,要将钻柱提离井底。马达施加钻压后不能立即起管柱,应该先降排量,再上提管柱。

(8) 按带压起下管柱要求起出磨铣管柱。

第六节 配合压裂作业

带压作业配合压裂作业主要用于拖动压裂管柱进行分段改造,既可实现单层精细改造又能保证井筒全通径,也可免除后续钻磨作业。

不同的压裂方式对应的井下压裂管柱结构不同,带压起下压裂管柱的工艺也不同。

一、工作原理

压裂工艺分为拖动管柱压裂和不动管柱压裂两种方式。拖动管柱压裂又分为双封单卡式压裂和水力喷射压裂两种,无论哪种压裂方式都建议在直井段位置预置1~3个工作筒,保证进行最后一段压裂时,至少有一个工作筒位于直井段。

1. 双封单卡式拖动管柱压裂的工作原理

双封单卡式压裂管柱的结构特点是在水力锚下端的两个K344封隔器之间夹一个滑套喷砂器,如图5-21所示。其中,两套K344封隔器跨隔压裂段,在满足压裂层段需要的情况下,两个封隔器之间的跨距应尽可能短,喷砂器一般选用滑套喷砂器。

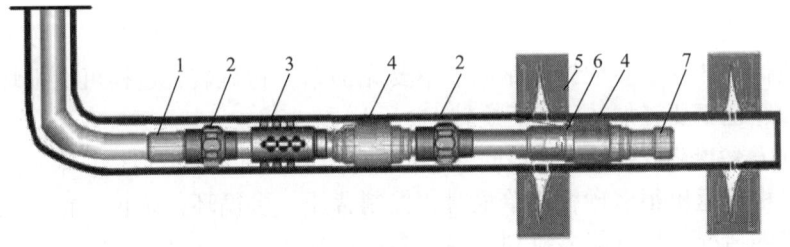

图5-21 双封单卡压裂管柱结构示意图

1—安全接头;2—扶正器;3—水力锚;4—K344封隔器;5—压裂层(段);6—滑套喷砂器;7—导锥

当管柱下到第一段后,坐封封隔器、水力锚锚定管柱,投球打开滑套喷砂器,对第一段进行压裂。完成压裂后,反洗井解封封隔器和水力锚,管柱内下入堵塞器密封管柱内压力,带压上提管柱至下一段压裂位置。捞出堵塞

第五章 施工工艺

器，重新坐封封隔器和水力锚，完成下一段的压裂。通过逐步调整管柱深度，重复上述过程，对不同的目的段进行压裂施工。

2. 水力喷射拖动管柱压裂的工作原理

水力喷射拖动管柱压裂是一种集射孔、压裂、隔离一体化的储层改造措施。利用专用喷枪产生的高速流体穿透套管、岩石，形成孔眼，孔眼底部流体压力增高，超过岩石的破裂压力，起裂成单一裂缝，从而完成一个段的压裂。

将一个或多个滑套式喷枪连接在一起下入预定深度（此时其他喷枪处于关闭状态），先用最底部的喷枪通过拖动的方式进行最下部一段或多段喷砂射孔，然后进行压裂改造。依次向上拖动管柱，使喷枪对准相应的目的段，完成不同层段的射孔和压裂作业。当某个喷枪完成设计数量层段的改造或者出现故障时，投球打开上一个喷枪，同时将下部的喷枪隔离。

水力喷射拖动管柱压裂的管柱结构由扶正器、喷砂器、筛管和导锥组成，如图5-22所示。

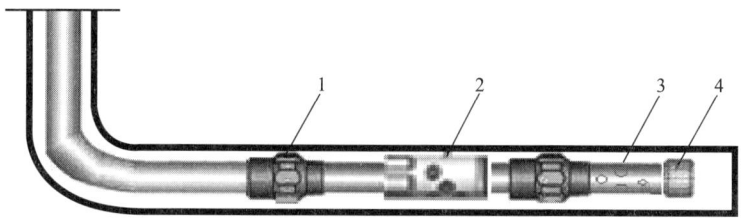

图5-22 水力喷射压裂管柱结构示意图
1—扶正器；2—喷砂器；3—筛管；4—导锥

3. 不动管柱分层（段）压裂的工作原理

不动管柱分段压裂不同于拖动管柱压裂，是通过多级封隔器和滑套喷砂器组合压裂管柱来实现的，相比拖动管柱压裂，在压裂期间不需要上提管柱，不需要堵塞管柱，因此它的优势是压裂速度更快、效率更高，但是压后起管柱的难度更大。分段压裂管柱工具主要有水力锚、封隔器和滑套喷砂器，管柱结构自上而下为：油管+油管短节+（工作筒）+水力锚+多级高压封隔器+油管+多级滑套喷砂器+滑套（双向球座）筛管+导锥，如图5-23所示。其中，滑套（双向球座）筛管是在筛管上端安装一个盲堵式定压滑套（或双向球座），用于下管柱时控制井内压力，需要反洗井时，油管打压，滑套脱落（双向球座的阀落入球挡下部），建立反循环通道。

多级封隔器将不同的压裂目的段分开，压裂某一段时，其他滑套喷砂器均关闭，只有对准目的层段的滑套喷砂器通过油管投入相应级差的低密度球打开压裂通道，压裂液通过此通道压裂目的段。从油管投球打开上一滑套喷砂器通道，同时封堵下面的滑套喷砂器，实现上一段的压裂，依此类推，自下而上不动管柱压裂多段，压裂完成后起出全部压裂管柱。

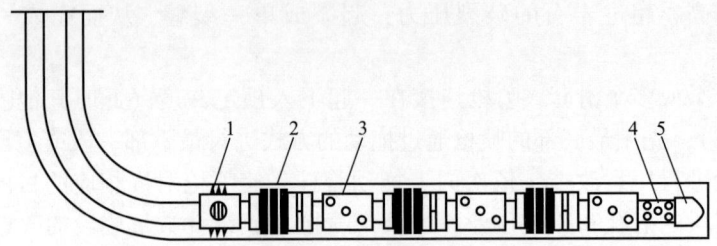

图 5-23　不动管柱分段压裂管柱结构示意图
1—水力锚；2—K344 封隔器；3—滑套喷砂器；4—滑套筛管；5—导锥

二、带压作业井口组合

为保证压裂期间施工安全，避免防喷器承受高压，同时还需要提高施工时效，因此压裂施工期间需要将管柱悬挂在油管头四通上，在油管头上直接安装压裂用液动或手动平板阀，然后安装压裂井口和平板阀，最后安装安全防喷器组、工作防喷器组和带压作业机，典型拖动管柱压裂井口组合如图 5-24 所示。

图 5-24 中两个 $7\frac{1}{16}$in 15K 平板阀是为了避免上部防喷器组承受高压，在压裂中液动平板阀处于关闭状态；在拖动管柱过程中，液动平板阀处于常开状态；$7\frac{1}{16}$in 15K 六通是为了提高施工效率，在带压拖动压裂管柱过程中，不重复拆压裂管汇，保证压裂施工的连续性。

三、压裂施工

1. 拖动压裂管柱

完成第一段压裂后，关井（双封单卡管柱需要反洗井，解封封隔器后关井）扩散压力 2h 以上，平衡带压作业机与井内压力，打开液动平板阀，安装钢丝或电缆作业的井口密封装置，在大于拖动距离的工作筒内坐封堵塞器或

第五章 施工工艺

在油管内坐封可回收式油管桥塞,控制油管内压力。堵塞器或油管桥塞坐封后,通过降压来验证油管压力控制效果,释放堵塞器或油管桥塞上部压力,且压力降为零后,观察30min以上无流体溢出时,表明坐封合格。

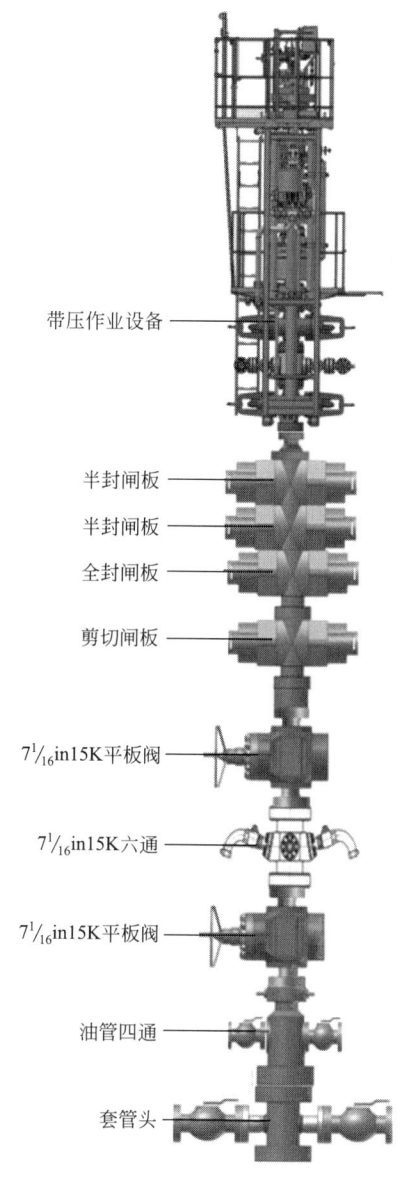

图 5-24　典型拖动管柱压裂井口组合示意图

拆除井口密封装置，下油管导出油管悬挂器，起出需要拖动的油管，使喷砂工具对准下一段，再坐入油管悬挂器，重新在环形防喷器上安装井口密封装置，钢丝作业打捞出油管堵塞器或油管桥塞，进行第二段喷砂射孔和压裂施工。依此类推，重复上述作业，直至完成所有段的压裂。

2. 不动管柱分段压裂

在不动管柱分段压裂中，带压作业机只起到压裂前的下管柱和压后起管柱的作用，在压裂时可将带压作业机及安全防喷器组拆开，重新安装压裂井口装置。

四、起下压裂管柱

为满足管柱内堵塞和压裂投球需要，双封单卡压裂管柱的喷砂器一般选用滑套式喷砂器。如选用非滑套式喷砂器，开放性压裂管柱需要按下入水力喷射压裂管柱的方式作业。

选用工作筒堵塞器作为拖动压裂管柱和起压裂管柱的油管压力控制工具，要求在管柱上依次预置通径依次增大的工作筒，要保证拖动管柱或起管柱过程中在直井段始终有工作筒。为减低钢丝作业事故率，压裂管柱下至设计深度时，位于直井段最下部的工作筒要求为非选择性。

如果压裂工具串长度小于环形防喷器至液动平板阀顶部的距离，下入压裂管柱工具串至液动平板阀上方，依次关闭环形防喷器、举升液压缸、关闭游动卡瓦、平衡带压作业机内压力、打开液动平板阀，将管柱下入设计位置；如果压裂工具串长度大于环形防喷器至液动平板阀顶部的距离，可按带压作业下入单个工具的方式操作，即平衡带压作业内部压力后，打开液动平板阀，利用环形防喷器和下工作闸板防喷器交替工作，依次将导锥、封隔器、喷砂器、扶正器、封隔器、扶正器、安全接头下入井内，使管柱下至设计深度。压裂工具串上部管柱下入同常规下管柱方法一样。

起压裂管柱前，安装钢丝（电缆）作业井口密封装置，在直井段最下部的工作筒或造斜点附近的油管内，坐封堵塞器或油管桥塞，然后拆除钢丝（电缆）作业井口密封装置。带压作业起出油管压力控制工具以上的管柱后，在油管上安装钢丝（电缆）作业井口密封装置，打捞出油管压力控制工具，再按以上操作重新坐封堵塞器或油管桥塞。最后将工具串上部带有油管压力控制工具的油管短节（工作筒）起至井口。根据工具串长度可采用绳索作业或分段油管压力控制工艺起出压裂

带压下入封隔器

第五章 施工工艺

工具串。

1. 下入和起出水力喷射压裂管柱

工作筒堵塞器或回收式油管桥塞试压合格后，将油管短节与压裂工具串连接。如工具串长度小于环形防喷器至液动平板阀顶部的距离，下工具串至液动平板阀上方，使工具串上部的油管短节位于环形防喷器位置，依次夹紧固定卡瓦、关闭环形防喷器、平衡带压作业机与井内压力、打开液动平板阀；如工具串长度大于环形防喷器至液动平板阀顶部的距离，将工具串套装在防喷管内，并将防喷管安装在环形防喷器上，依次平衡防喷管与井内的压力，打开液动平板阀，进行绳缆作业将工具串上部的调整短节置于环形防喷器顶部，夹紧固定卡瓦，关闭环形防喷器。

在工具串上部的油管短节上连接一根油管，举升液压缸，夹紧游动卡瓦，打开固定卡瓦，带压作业下入压裂管柱。工具串进入造斜点前，带有非选择性工作筒的管柱，可继续下入通径大于下部堵塞器的非选择性工作筒；工具串进入造斜点时，钢丝作业打捞出工作筒堵塞器或可回收式油管桥塞，重新在上部工作筒或井口附近的油管内坐封工作筒堵塞器或可回收式油管桥塞。

重复上述操作，依次下入选择性工作筒、打捞出下部油管堵塞器或桥塞、坐封堵塞器或油管桥塞，直至将压裂管柱下入到第一段的压裂位置；坐入油管悬挂器，顶紧顶丝，安装钢丝作业井口密封装置，打捞出油管压力控制工具，关闭液动平板阀，连接压裂管汇，准备压裂。

压裂结束后起管柱工艺要求与起出双封单卡压裂管柱一样。

2. 带压起压裂管柱

压裂滑套试压合格，可不需再采取其他的油管压力控制措施。将带压下入压裂管柱简化，同下入双封单卡压裂管柱一样，可以分段导入井内。

压裂后，由于工具串上的滑套喷砂器都已打开，成为开放性工具，因此带压起出压裂管柱工艺较为复杂，包括工具串以上油管压力控制、带压起出工具串以上的管柱和分段压力控制起出工具串三个关键过程。

1) 工具串以上的油管压力控制

在直井段的油管内坐封油管桥塞或工作筒堵塞器（在管柱上带有工作筒的情况下）。

2) 起工具串以上管柱

油管压力控制合格后，拆压裂采油树，安装安全防喷器、密闭卸扣钳（卡瓦防喷器）和带压作业机。

按带压作业流程起出油管悬挂器和工具串以上的管柱，当油管压力控制工具起至井口附近或工具串进入直井段时，打捞出井下的油管压力控制工具，重新在工具串顶部坐封油管压力控制工具，起出工具串以上的管柱。

3) 起工具串

由于井下滑套已经打开，每个喷砂器成为开放性工具并且喷砂器通径较小，因此需分段控制油管压力起出工具串。

首先将喷砂器（水力锚、封隔器）起至密闭卸扣钳腔体内，使喷砂器下端的油管接箍位于背钳卡瓦位置，夹紧安全卡瓦和背钳卡瓦，并在游动连接盘下端打上防顶卡瓦；接着启动卸扣钳，对喷砂器（水力锚、封隔器）进行卸扣，将工具外螺纹起至工作全封闸板防喷器上方，关闭工作全封闸板防喷器，打开泄压阀和环形防喷器，起出喷砂器（水力锚、封隔器）；然后下入鱼顶堵塞器，打捞位于背钳内的油管接箍，并起出井口。重复上述操作，直至将导锥起至安全全封闸板防喷器上方，关闭安全防喷器。

第七节　含硫化氢井作业

硫化氢标准状况下是一种无色、易燃、有剧毒的酸性气体，分子式为 H_2S，相对分子质量为34，相对密度为1.19，低浓度时有臭鸡蛋气味，其水溶液为氢硫酸。硫化氢对人体、环境、材料都有很大危害。人体一旦经呼吸道吸入硫化氢，即使浓度很低，对眼、呼吸系统及中枢神经都有影响，甚至导致死亡；硫化氢对防喷器、垫圈垫环、钻杆、油管、堵塞器等金属材料可能引起氢脆或应力开裂；对非金属密封件、橡胶、密封填料等非金属材料可能引起老化、硬化而使密封失效。

因此，含硫井作业要从人员资质、防喷器组要求、内堵塞工具要求以及作业管柱的完整性等方面开展详细的工艺安全分析和工作安全分析，编制详细的应急预案与响应计划，组织针对性的应急演练。

一、人员资质要求

所有作业队员应经过硫化氢安全防护培训并持有合格证，掌握硫化氢防护知识，定期开展硫化氢中毒应急演练。

二、作业管柱要求

作业前管柱应进行压力测试以验证管柱承压能力和管体、螺纹强度，为确保安全，管柱的安全无支撑长度取值应小于理论无支撑长度的52%。

当硫化氢的分压大于0.34kPa（0.05psi）时，作业管柱必须满足抗硫化氢应力开裂的要求，作业管柱螺纹能适应井底压差下气密封的要求。

含硫井带压起油管时，由于油管壁上可能存在硫化亚铁，与卡瓦碰撞时极易产生火花而引发着火或爆炸，因此在起油管作业时应使用不易燃流体清洗管壁，如清水等来保持管柱湿润。

三、内堵塞工具要求

含硫化氢井带压作业管内必须采用两道屏障，即作业管柱内至少采用两个内堵塞工具。内堵塞工具的承压能力差大于地层压力，其金属材料、密封元件、卡瓦材料还必须满足《石油天然气工业 油气开采中用于含硫化氢环境的材料》（GB/T 20972—2008）要求。

四、地面设备要求

1. 防喷器组

每种作业管柱应配置两组安全半封闸板防喷器，必须配备剪切闸板，并安装在安全防喷器组的最底部，应配备足够容积的蓄能器。

工作防喷器组、安全防喷器组、平衡管线、泄压阀门、压力平衡阀门、平衡/泄压四通、升高法兰、悬挂法兰、垫环和垫环槽等所有与井筒流体接触的承压部件都必须满足《石油天然气工业 油气开采中用于含硫化氢环境的材料》（GB/T 20972—2008）或 NACE MR0175（最新版）要求；所有非金属密封件应能适应井内流体介质和工作温度要求。

2. 地面流程管线

至少有一条放喷管线和应急压井管线，泵车或钻井泵、压井管线应连接至井口，并处于备用状态。保证至少有一倍井筒容积的液体在现场。放喷管线、平衡/泄压管线等都不允许现场焊接，因为焊接时产生的内应力对硫化氢应力腐蚀尤为敏感。放喷管线接出井场75m外，出口必须保持长明火。

平衡管线和泄压管线上的阀件应使用双阀控制。

五、硫化氢气体监测

作业队伍配备固定式多功能气体检测仪、复合式气体探测仪、便携式气体检测仪、正压式空气呼吸器、防爆排风扇、手摇式报警器等仪器设备。现场配备的检测仪器检验在有效期内，检测仪器以及正压式空气呼吸器等个人防护用品，应定期检查并记录。

作业人员要求必须随身配备便携式气体检测仪，一旦发现硫化氢泄漏，立即启动相应的应急程序和应急预案。

六、硫化氢隔离

含硫化氢井带压作业，为确保安全一般都要采用氮气或加入了除硫剂的液体作为一道隔离屏障，隔离与硫化氢的直接接触。采用隔离屏障主要有两方面原因：

（1）作为一个缓冲区来抵消带压作业期间少量的硫化氢气体从工作防喷器内泄漏的风险。

（2）一旦发生密封失效，提供了一个实现应急关井和人员撤离的2~5min的反应时间。

如果采用氮气作为隔离屏障，管柱内在坐封堵塞工具前用两倍以上管柱内容积的氮气置换管内的含硫化氢天然气。同样，在起下管柱前用两倍以上环空容积的氮气置换井筒内的含硫化氢天然气。氮气的化学性质不活泼，常温下很难跟其他物质发生反应，其化学式为 N_2，相对分子质量为28，标准状况下是一种无色无味的气体，密度为 $1.160kg/m^3$，相对密度为0.967。因此井筒用氮气替换含硫化氢的天然气，且氮气作为隔离屏障，有利于作业安全。

七、其他措施

含硫化氢井只能在白天进行带压作业，在含硫化氢井进行带压作业之前需要认真做好施工设计，在设计中明确标明硫化氢含量。设计时必须对井场周围2km范围内的居民住宅、学校、厂矿等进行勘察，并在设计上标明位置。

第五章 施工工艺

在有硫化氢溢出井口的情况下，应通知上述人员迅速撤离。

设计中编制与当地政府有关部门相衔接的应急预案，并组织演练，一旦发现硫化氢泄漏，立即启动相应的应急程序和应急预案。

高含硫化氢气井作业典型案例参见第九章案例三。

第八节 暂停作业与恢复作业

在恶劣天气等情况下，带压作业需要暂停作业。为了保障安全，对于暂停作业以及之后的恢复作业需要具备一定的安全要求。

一、暂停作业时的井口控制安全要求

（1）带压作业一般要求夜间不作业，以及六级以上大风、能见度小于井架高度的浓雾、暴雨雷电等恶劣天气，应停止带压施工。特殊情况需要夜间作业时，必须配备足够的照明设施，照明亮度（至少100LUX以上）能够给操作人员提供观察条件，并且从足够多的角度进行照射，最大限度减少工作设备和人员周围的阴影。计划不作业或需要暂停起下作业前尽量将管柱下到重管柱状态。

（2）在关闭卡瓦前应时调节液缸高度，使油管接箍处于合适位置，便于连接旋塞阀、压力表等。

（3）停止作业期间要保证始终有三副卡瓦控制管柱。卡瓦系统的关闭方式应根据井下管柱是重管柱状态或是轻管柱状态来决定关闭卡瓦的位置，对重管柱，应关闭固定承重、移动承重、移动防顶卡瓦；对轻管柱，应关闭固定防顶、移动防顶、移动承重卡瓦。

（4）停止作业期间要保证管柱环空密封和管柱内堵塞始终至少具有两道机械屏障。关安全防喷器半封闸板并锁定，关套管侧阀，开泄压阀泄掉工作防喷器组的压力，关泄压阀，关工作防喷器并锁定，关闭平衡/泄压管汇上阀门；在油管接箍上安装旋塞阀、压力表；旋塞应处于开位。打开环形工作防喷器。

（5）暂停作业期间，现场应有专人值守。

二、恢复作业时的井口控制安全要求

（1）关井后恢复作业前，应检查防喷器之间的压力情况，确保防喷器没有泄漏；确保井口管柱旋塞阀上的压力表没有压力，如果有压力应判断该压力来源是底部堵塞工具失效或是螺纹渗漏，甚至是管柱脱落、开裂。

（2）打开任何防喷器之前，防喷器上下压力应平衡，有至少一组防顶卡瓦和一组承重卡瓦处于关闭状态，且在打开半封闸板之前，应关闭工作防喷器。

（3）恢复管柱移动前，应检查所有闸板处于正确的位置，且闸板位置指示器完全正常。

本章知识要点

（1）带压作业安装和调试的注意事项。
（2）液缸压力设置与计算。
（3）起下管柱作业工艺流程。
（4）暂停作业与恢复作业井口控制安全要求。
（5）含硫井带压作业的相关要求。

思考题

（1）如何计算液压压力？
（2）起下轻管柱工艺流程分别是什么？
（3）起下悬挂器的工艺流程是什么？
（4）下悬挂器的注意事项有哪些？
（5）暂停作业与恢复作业安全技术要求有哪些？
（6）为什么含硫气井带压作业采用氮气作为隔离气体？

第六章　井口特种处理技术

井口特殊处理技术是带压作业技术的配套技术，可以在带压修井作业前处理井口内漏、外漏、锈死、开关不彻底、丝杆密封处泄漏等问题，并将采油采气井口更换为带压修井作业井口；同时，特殊井口处理技术还可以处理带压作业过程中出现的管柱压力圈闭等复杂问题，也可以配合带压作业处理其他工程复杂问题。

本章主要介绍带压钻孔、冷冻暂堵和不丢手带压换阀三种井口特殊处理技术。

第一节　带压钻孔

一、技术简介

带压钻孔技术是对有压力的油、气、水井井口装置闸阀或管柱实施钻孔，建立泄压或循环通道的作业。它是一种安全、环保、经济高效的抢险技术，适用于管线、油管、套管、采油（气）树等部件的维修改造和突发事故的抢险，例如，在两个桥塞之间的油管内压力不能泄掉，或者报废封堵井想重新打开，或者主阀门的闸板脱落、锈蚀不能打开等问题可实施带压钻孔作业。目前，已经应用的带压钻孔施工工况有管线带压钻孔、油管带压钻孔、套管带压钻孔、采油树带压闸板钻磨、防喷器带压闸板钻磨、连续油管事故处理、钢丝作业事故处理、修井作业事故处理、带压安装堵头、带压油管内剪切、采油树带压内清蜡、报废井重新开采等。

典型的管柱带压钻孔及阀门带压开孔流程如图6-1、图6-2所示。其中，带压钻孔机是带压钻孔的动力设备。

带压钻孔密封抱箍是在管柱或管道上带压钻孔时，将密封抱箍左右两瓣安装在被钻孔管道上，利用其内部定位固定和密封设计，固定安装位置和密封钻孔部位，并为主控阀的连接提供条件。

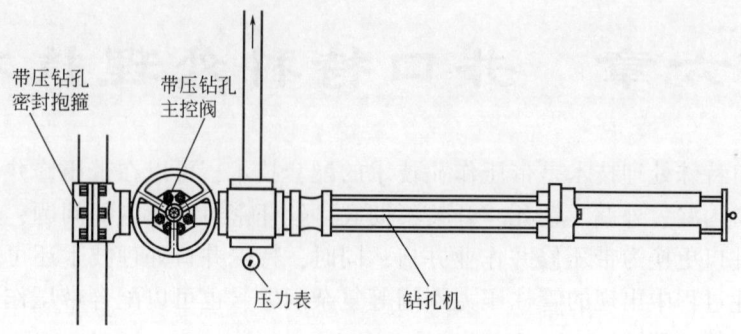

图 6-1　管柱带压钻孔流程图

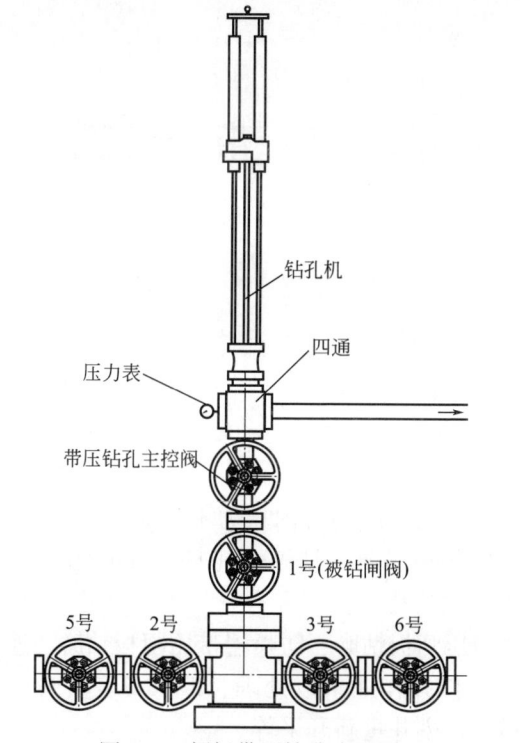

图 6-2　阀门带压钻孔流程图

一般采用闸板阀或旋塞阀作为带压钻孔的主控阀，用于带压钻孔后控制管道或井口内压力。带压在管道上钻孔时，主控阀与密封抱箍连接；在井口钻孔时，将主控阀与井口钻孔部位对应法兰连接。

第六章 井口特种处理技术

四通与主控阀连接，用于带压钻孔后提供泄压或后续处理的循环通道。

二、作业设备简介

1. 带压钻孔设备

目前，常用的带压钻孔设备有手动钻孔机及液压钻孔机。通常情况下，手动钻孔机行程短、开孔直径小，适用管柱钻孔及小孔径开孔泄压。液动钻孔机有可分为液缸加压和螺纹加压。下面以一种典型的液压螺纹加压式钻孔机说明其结构及工作原理。

该钻孔机主要由液压马达、减速器、轴承、齿轮支架、导向轴、钻孔旋转马达、丝杆、滑动支架、井压密封连接机构、钻杆等组成，结构原理如图6-3所示。

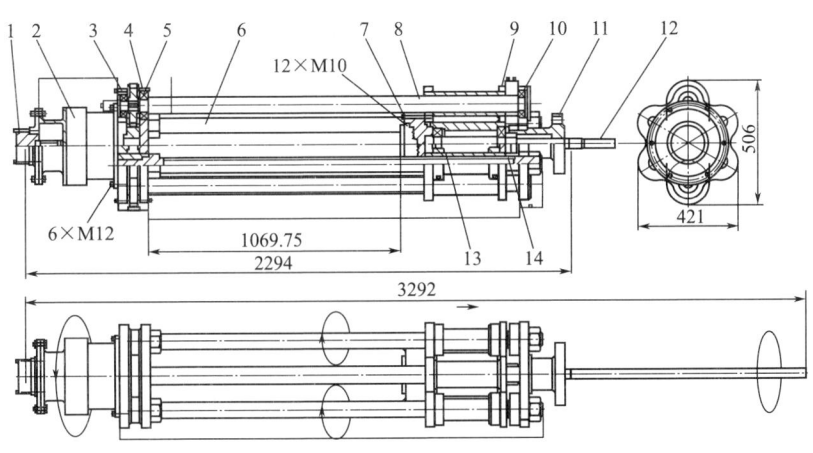

图6-3 液控螺纹加压钻孔机

1—液压马达；2—减速器；3,5,10,13,14—轴承；4—齿轮支架；6—导向轴；7—钻孔旋转马达；8—丝杆；9—滑动支架；11—井压密封连接机构；12—钻杆

液压马达通过减速器减速，带动螺杆旋转，螺杆驱动滑动支架沿导向轴移动，实现带压钻孔进给。导向轴与螺杆通过螺母与减速箱、井压密封连接结构连接在一起。钻孔旋转马达驱动钻杆旋转，实现钻孔旋转切割。

2. 管柱带压钻孔密封抱箍

管柱带压钻孔密封抱箍主要是在管柱带压钻孔时将钻孔机连接固定在被钻管柱上，同时密封被钻部位。带压钻孔密封抱箍有链条式、哈佛抱箍和U

形螺栓式等形；管柱带压钻孔密封抱箍与管柱的密封采用矩形密封圈、密封带、填料式密封圈等形式。其结构形式多种多样，但主要都是为了实现两个功能：密封管柱、连接固定钻孔机，如图6-4所示。

  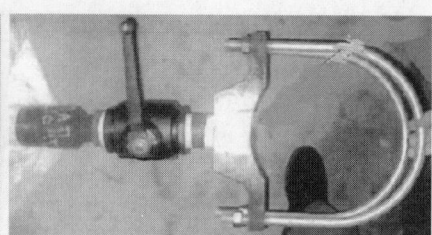

(a) 哈佛抱箍　　　　(b) 链条式密封抱箍　　　　(c) U形螺栓式密封抱箍

图6-4　管柱带压钻孔密封抱箍

3. 钻头

带压钻孔使用的钻头有麻花钻头、扩孔钻头、磨铣钻头及套铣钻头等（图6-5），可以根据不同的工况、作业类型等选择不同类型的钻头。

麻花钻头一般只用作小孔径开孔，如图6-5(a)所示。需要较大孔径时，采用磨铣钻头或开小孔后采用扩孔钻头扩孔，如图6-5(b)所示。但是，先

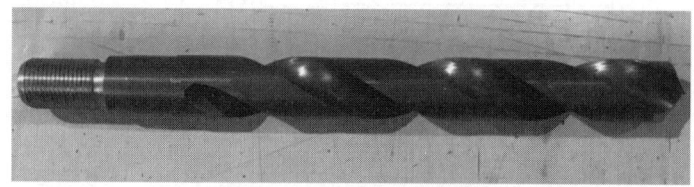

(a) 麻花钻头

  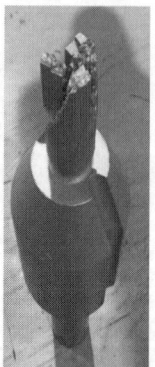 

(b) 扩孔钻头　　(c) 磨铣钻头　　(d) 自带扶正器钻头　　(e) 套铣钻头

图6-5　带压钻孔各型钻头

第六章　井口特种处理技术

钻小孔后实施扩孔时，需要在钻头上部增加扶正器或采用自带扶正器的钻头［图6-5(d)］，以保证孔位居中。

套铣钻头一般只用作大孔径开孔，使用套铣钻头时，需要预先钻小孔，并在套铣钻头上配备相应工具抓取套铣后的铁芯，如图6-5(e)所示。

三、作业流程

1. 设备安装

（1）检查与带压钻孔主控阀（或带压钻孔密封抱箍）连接的密封面，评估是否能进行有效密封，如损坏锈蚀，应进行修复。

（2）带压钻孔主控阀（带压钻孔密封抱箍）、四通和带压钻孔机安装时，应保证通孔轴线一致，防止钻偏或钻杆、钻头损坏。

（3）钻孔机平装时，应在下部将设备垫平或应起吊设备吊平。

（4）泄压管线每隔10~15m及弯头两端应固定，出口位置应单独固定。

2. 设备试压

（1）采用清水试压。

（2）带压钻孔主控阀（带压钻孔密封抱箍）与井口装置闸阀（管柱）间试压按施工设计要求执行。

（3）作业前应对钻孔机液控系统试压：调节溢流阀，将控制系统压力调至额定工作压力，观察各液压阀件、接头和液压软管等无渗漏。

（4）设备安装完成后应对钻孔机实施动密封压力测试（仅试旋转动密封），动密封部位应无渗漏。

3. 带压钻孔

（1）带压钻孔作业前钻孔机应进行旋转、提升和下压试运转，各操作手柄灵活可靠、钻孔机各执行单元无阻卡方可进行下步作业。

（2）钻头接近被钻对象时，应旋转钻进。

（3）钻头钻入被钻对象后可适当提高转速和钻压。

（4）应记录钻孔深度及腔室内压力变化，并适时调整钻压。

（5）钻通初期停止钻进，观察压力变化，如压力高于预估值，应开泄压通道泄压。

（6）压力趋于平稳后继续钻进。

（7）钻孔结束，将钻头退至带压钻孔主控阀之外，并根据需要关闭主控阀。

四、安全注意事项

(1) 可接钻杆类钻孔机应在被钻对象与钻孔机之间注入清水，保持腔内压力与井内压力一致，如井口压力不明，应根据历史最高关井压力或地层压力设置压力。

(2) 在含硫井作业前应在钻孔机与被钻对象腔室内注入碱性液体。

(3) 设备安装时应考虑钻头的长度，确保钻头不影响主控阀的开关。

(4) 作业压力大于70MPa时，带压钻孔动密封建议采用两级屏障。

(5) 必要时，可以在钻杆上安装扶正器。

(6) 设备选型时应考虑钻杆的最大无支撑长度满足作业要求。

第二节　冷冻暂堵

一、技术简介

冷冻暂堵技术是在需要压力隔离的位置注入暂堵剂，通过冷冻介质低温冷冻形成冷冻暂堵桥塞隔离压力。通常情况下，封堵的压力越高，冷冻桥塞的长度设计得就更长。加拿大 SNUBCO 公司根据现场应用经验，对各种管柱尺寸以及封堵压力对应的冷冻桥塞长度参数提供了一些经验数字，详见表6-1。计算暂堵剂用量时，应考虑管内容积、暂堵剂非致密段等因素，一般按管柱容积的1.5~2倍计算。同时，推荐冷冻时间按 1h/in 的管柱直径计算。

表6-1　不同管径及压力下冷冻高度推荐值

管径 in (mm)	冷冻高度，mm		
	7MPa	14MPa	35MPa
7 (178)	305	460	610
9$\frac{5}{8}$ (244.5)	460	610	762

第六章　井口特种处理技术

续表

管径	冷冻高度，mm		
in（mm）	7MPa	14MPa	35MPa
11（280）	610	762	762
13⅜（340）	762	762	914

冷冻暂堵技术应用广泛，可用于更换井口、处理管柱憋压或其他需要暂时压力隔离的工况。例如，冷冻井口更换 1、2、3 号主控阀，冷冻井口更换带压作业井口，冷冻暂堵维修输油输气管道，冷冻钻杆处理钻具内憋压问题，冷冻油管处理带压作业过程中出现的油管憋压问题等。

冷冻暂堵技术有以下特点：

（1）能在环境温度 −35~50℃ 范围作业。

（2）能实施环空和管柱内的同时封堵。

（3）暂堵成功后，安全系数高，只要持续保持低温冷冻，冷冻桥塞就不会失效。

（4）暂堵压力高，目前国内最高暂堵压力到达了 70MPa。

（5）解堵方便，解除冷冻后，可加热升温解堵或自然升温解堵，通过放喷排出暂堵剂。

（6）多层冷冻的必须遵从外到内逐层冷冻的原则。

二、冷冻暂堵设备

冷冻暂堵设备主要由暂堵剂注入装置、暂堵剂搅拌器等组成。

1. 暂堵剂注入装置

目前，常用的暂堵剂注入装置的注入压力等级有 70MPa 和 105MPa 两种，按驱动方式又可分为泵车驱动式和液压驱动式。本节以典型的液压驱动式的暂堵剂注入装置为例介绍其结构原理。该类暂堵剂注入装置主要由动力系统、液压控制系统、暂堵剂注入系统和高温高压清洗装置等组成，如图 6-6 所示。

动力系统主要由发电机组（部分设备配备）、电动机、液压泵等组成，可以给暂堵剂注入系统提供液压源。暂堵剂注入系统包括增压缸、注入缸、螺杆泵等，压力油通过增压缸增压后推动注入缸活塞移动，将暂堵剂经注入管汇注入井内（或管柱内）。

注入缸内的暂堵剂用完后，调整注入管汇的控制阀，使暂堵剂储备缸与

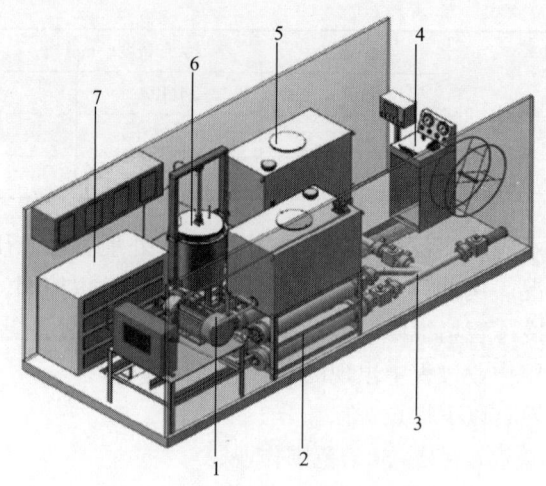

图 6-6 液压驱动暂堵剂注入装置

1—动力系统；2—暂堵剂注入系统；3—注入管汇；4—液压控制系统；
5—高温高压清洗装置；6—暂堵剂储备缸；7—工具柜

注入缸连通，用螺杆泵将暂堵剂储备缸内的暂堵剂推入注入缸内，其原理如图 6-7 所示。

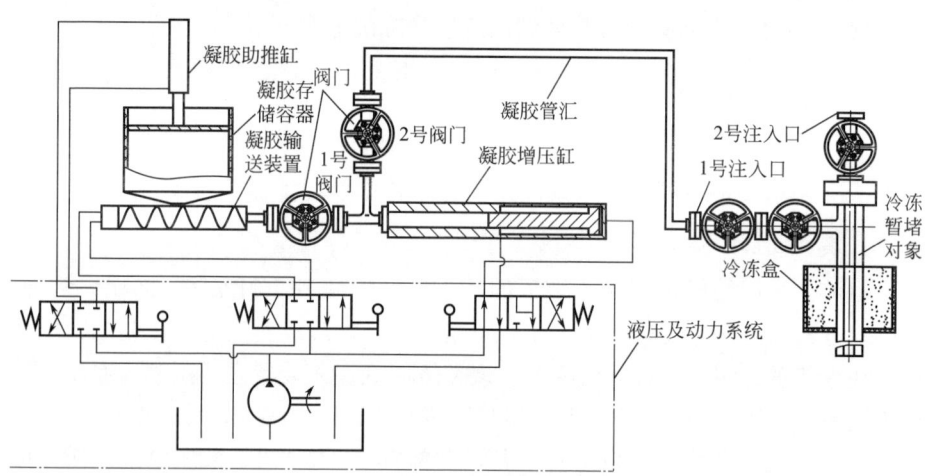

图 6-7 暂堵剂注入装置原理图

暂堵剂注入装置内的高温高压清洗装置主要由加热式高压清洗机和水罐组成，主要用于解冻、设备清洗和储备作业用水。

第六章 井口特种处理技术

冷冻暂堵作业常用的冷冻介质有干冰和液氮。干冰使用简单，但不方便存储，且储存过程中损耗较大。液氮的存储体积小，但使用时需要专门的温控装置。不管使用哪一种冷冻介质，选用的原则都是便于传热，且不会影响被冷冻部位钢材的机械性能。根据2009年上海宝钢对油管进行的低温（-60℃）状态下钢材机械性能试验证明，冷冻后对钢材机械性能没有影响，检测结果如图6-8所示。

上海宝钢研究院(技术中心)
Shanghai Baosteel Research Institute(Technology Center)

试验结果：

序号	牌号	规格 mm	试样尺寸 mm	方向	温度 ℃	冲击功 J	按API换算成10×10试样的冲击功, J	API 5CT要求(10×10) 温度, ℃	API 5CT要求(10×10) 冲击功, J
1	BG90SS	φ88.9×9.52	7.5×10×55	纵向	0	143	179	0	≥30
2	BG90SS	φ88.9×9.52	7.5×10×55	纵向	0	149	186	0	≥30
3	BG90SS	φ88.9×9.52	7.5×10×55	纵向	-60	115	144	—	—
4	BG90SS	φ88.9×9.52	7.5×10×55	纵向	-60	111	139	—	—

API 5CT规范未对小规格薄壁油管提出冲击性能要求。因此特取规格相近且成分和生产工艺相同的φ88.9mm×9.52mm的BG90SS钢管进行试验。从上述性能数据可以发现，该管在0℃和-60℃的冲击性能差异不大。且-60℃的数据还是远超API的规定值

图6-8 BG90SS油管液氮冷冻前后机械性能对比

1）干冰冷冻

使用干冰作为冷冻介质时，需要添加适量的甲醇，使干冰快速吸热和均匀导热，如图6-9所示。针对不同管柱外径的冷冻暂堵作业，冷冻干冰盒推

图6-9 干冰混合甲醇冷冻作业

荐尺寸见表 6-2。

表 6-2 冷冻干冰盒推荐尺寸表

管柱外径，in（mm）	冷冻干冰盒直径，in（mm）
7（178）	14（356）
$9\frac{5}{8}$（244.5）	17（432）
11（280）	17（432）
$13\frac{3}{8}$（340）	20（508）

2）液氮冷冻

使用液氮作为冷冻介质时，将液氮的传输管（一般使用铜管）缠绕在需要冷冻的部位，并用保温装置将其包裹住。利用液氮汽化吸热达到冷冻的目的，在常压下液氮温度为−196℃，所以需要控制液氮的流量来控制冷冻的温度，冷冻部位应有温度传感器监控冷冻温度，防止冷冻温度过低影响管材机械性能，其原理如图 6-10 所示。

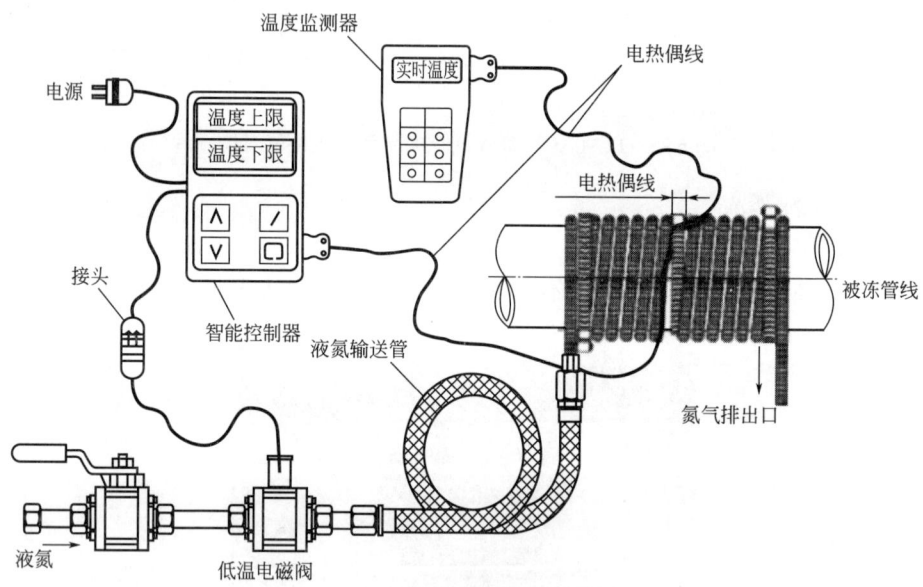

图 6-10 液氮冷冻原理

液氮冷冻可以用在规则的和不规则的作业部位，以及在需要进行精确控温冷冻的部位，在狭小空间、封闭不宜空气流通的空间内使用具有一定的优势，如图 6-11 所示。

第六章 井口特种处理技术

图 6-11　液氮冷冻作业

2. 暂堵剂搅拌器

暂堵剂搅拌器用于搅拌暂堵剂，使暂堵剂与水均匀混合。搅拌暂堵剂时应先加水，然后按一定比例缓慢添加暂堵剂，防止暂堵剂结块影响冷冻暂堵的效果。常用的暂堵剂搅拌器的结构如图 6-12 所示。

图 6-12　暂堵剂搅拌器

三、作业流程

1. 设备安装

（1）暂堵剂注入设备应安装于作业区的上风方向。

（2）设备摆放位置应方便操作手观察冷冻暂堵作业部位。

（3）暂堵剂注入口应安装单流阀及泄压三通。

（4）用液氮作为冷冻介质时，应该注意出口位置及方向，防止低温伤人及人员窒息。

（5）使用干冰作为冷冻介质时，根据现场情况确定安装冷冻盒位置和冷冻盒尺寸。

（6）应配备排风装置，防止人员窒息。

2. 冷冻暂堵作业

（1）将搅拌好的暂堵剂装入暂堵剂储备缸。

（2）用冷冻介质在需要压力隔离的位置实施冷冻。

（3）按设计要求注入暂堵剂：多层环截面冷冻暂堵时，从外到里，逐层注入暂堵剂，直到需要的目的层；如果外层环空确认有传热介质水，可不用额外注入暂堵剂。

（4）形成冷冻暂堵桥塞后，用注入暂堵剂的方式试压，试压时考虑管耗及桥塞两端的压差。

（5）泄压观察一个施工周期，如无任何泄漏现象，说明冷冻暂堵成功，可实施下步作业。

（6）作业完成后，解冻放喷，排出暂堵剂。

四、安全注意事项

（1）作业过程中禁止敲击或震击。震击会导致冷冻塞形成裂缝或与管壁剥离；作业过程应避免敲击作业，拆装螺栓作业应使用液动扳手等避免敲击的工具。

（2）形成冷冻桥塞前，避免桥塞两端压差太大。冷冻暂堵过程中应实时监测压力变化，如果压力涨得过高，可以通过三通适当泄压。如果形成冷冻桥塞过程中两端压差过大将影响冷冻桥塞的承压效果。

（3）作业过程保持低温冷冻，保证桥塞承压效果。

第六章 井口特种处理技术

（4）使用液氮冷冻时，注意控制温度，防止温度太低影响金属机械性能。

（5）应注意作业区的通风。不论是采用干冰作为冷冻介质还是采用液氮作为冷冻介质，都可能会因作业区缺氧而导致作业人员窒息，所以作业区应注意通风，防止氮气或二氧化碳聚集。

（6）防止冻伤。不论是采用干冰作为冷冻介质还是采用液氮作为冷冻介质，都容易发生人员冻伤情况，作业期间严禁直接触碰低温介质。

第三节 带压换阀

一、简介

带压更换采气树、采油树阀门主要包括两种方式，一种是当井口采气树、采油树或油管悬挂器可以安装背压阀（BPV）或 VR 堵时，下入背压阀或 VR 堵更换采气树、采油树或油管四通阀门；另一种是当采气树、采油树或油管悬挂器不能安装背压阀或 VR 堵时，采用不丢手换阀技术更换更换采气树、采油树或油管四通阀门。

二、下入背压阀更换井口采油树阀门

1. 技术简介

采用专用工具将背压阀（BPV）下入油管悬挂器内，旋转上扣，坐封 BPV，在井口常压状态下安全地更换采油树阀门。在平衡压力状态下取出 BPV，恢复井口生产，BPV 及 BPV 投捞工具如图 6-13 所示。

2. 原理介绍

其工作原理是在机械压力和井内压力的作用下使背压阀送入和回收，在井内带有压力的情况下，背压阀穿过采油树，安装到油管挂内和从油管挂内收回。

3. 送入背压阀流程

（1）首先准备齐全要使用的工具，用皮带钳将内杆从长外筒内拉出连接法兰 150mm 左右长度。

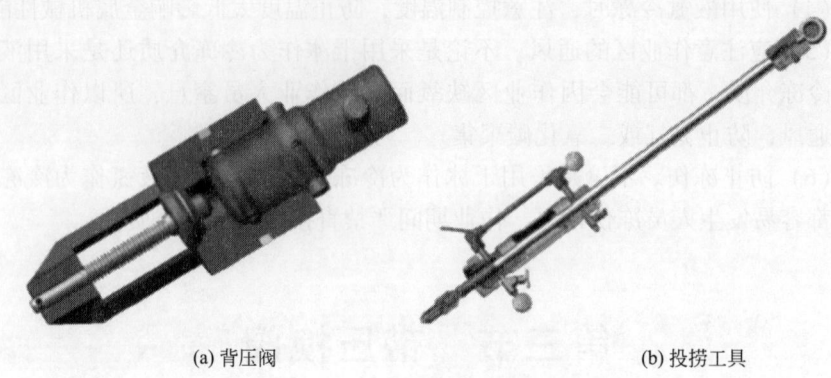

(a) 背压阀　　　　　　　　(b) 投捞工具

图 6-13　BPV 及 BPV 投捞工具

(2) 将内杆端部的螺纹擦干净，将短节旋转到对准两者间的横销孔，穿上横销后拧入螺钉，将横销固定牢。

(3) 将送入工具连接到短节上后，检查背压阀的密封圈有否损坏和里面的阀座动作是否灵活可靠，然后将阀顶部槽口对准送入工具中部突出的横销，用手推力将其套入悬挂到送入工具上，送入工具里的弹簧将钢球顶在背压阀的槽中，并测量从连接法兰端部到背压阀底部距离 L，同时做好记录。

(4) 关闭采油树主阀或工作阀，开启采油树翼阀释放压力，卸开采油树顶部的法兰，测量上端到主阀或工作阀阀板上端距离 H，并做好记录。将送入（取出）工具的连接法兰按要求与采油树连接，将皮带钳手扣到内杆上，向下用力反时针转内杆，使内杆下移 $L-H$ 距离，即背压阀到阀板上端，查看内杆上圆周刻度数值，做好记录。

(5) 关闭工具管汇上的放泄阀，打开隔离阀，关闭采油树翼阀，缓缓开启采油树主阀或工作阀，待采油树和工具内压力与井内压力逐渐平衡后，完全开启阀门（此时工具上的压力表指示的压力为系统压力）。

(6) 测量从采油树主阀或工作阀阀板上端到安装背压阀位置距离 S，同时做好记录，反向扳转内杆使其下移 S 距离。当证实背压阀确已到位后，继续反向扳转内杆，将背压阀旋入到油管挂内，开启采油树的侧翼阀，将采油树和工具内的压力放净，观察数分钟，如没有液体继续流出，则证明背压阀已将井底压力封住。

4. 取出背压阀流程

(1) 将取出工具与短节连接好。

(2) 将工具安放到采油树顶。将取出工具向下移动，到背压阀为止，继

第六章　井口特种处理技术

续反向旋转内杆，促使取出工具的螺纹旋入到背压阀内，到达一定深度时，工具顶端即将背压阀的阀座顶开，这时井内压力即进入采油树和工具内，待压力平衡后，继续扳转内杆，将取出工具的螺纹全部上到底时，就会感觉到扳手的力矩增大，继续扳转内杆，可看到内杆随着转动而上升，证明背压阀正在从油管挂中卸扣，直到全部退出为止。

（3）用皮带钳向上提升内杆，检验背压阀是否完全地脱开油管挂，关闭工具管汇上的隔离阀，缓慢开启放泄阀，利用井内压力促使内杆上升（注意放泄阀不能开得过快，以防内杆急速上升冲顶），当内杆上升到足够高度时，关闭采油树主阀或工作阀，打开采油树侧翼阀，放泄上部采油树和工具内压力，拆开螺柱，扶正并平稳地将取出工具提离采油树。

（4）将采油树顶部安装好，取下背压阀，擦洗干净并保养好，妥善保管以备后用。

三、下入 VR 堵更换套管阀门

1. 技术简介

采用专用工具将 VR 堵下入套管四通内，旋转上扣，坐封 VR 堵，在井口常压状态下安全地更换套管阀门。在平衡压力状态下取出 VR 堵，恢复井口生产，VR 堵投捞工具如图 6-14 所示，堵头如图 6-15 所示。

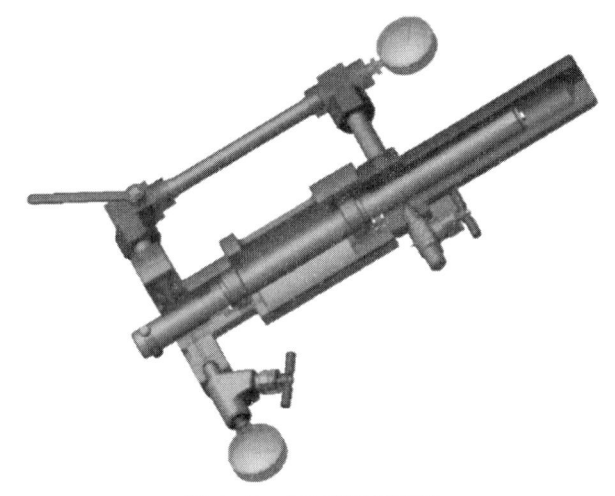

图 6-14　VR 堵投捞工具

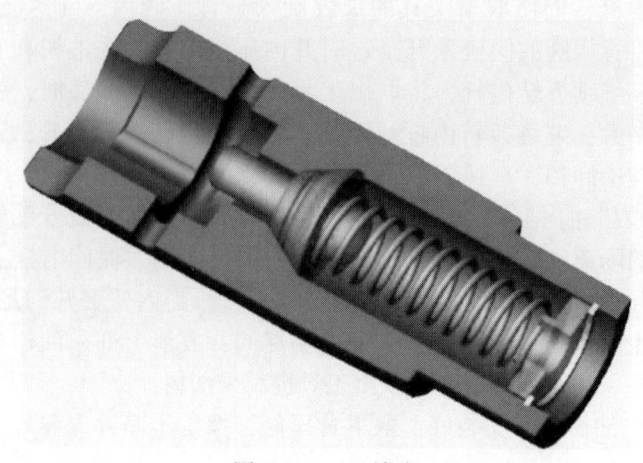

图 6-15　VR 堵头

2. 原理介绍

其工作原理是在机械压力和井内压力的作用下使 VR 堵送入和回收，在井内带有压力的情况下，VR 堵穿过四通侧翼阀门，安装到四通内和从四通内收回。

3. 送入 VR 堵流程

（1）首先准备齐全要使用的工具，用摩擦扳手将内杆从长外筒内拉出连接法兰 40mm 左右长度。

（2）将送入工具连接到内杆上对准两者间的横销孔，穿上横销后拧入螺钉，将横销固定牢。

（3）检查 VR 堵有否损坏和里面的阀座动作是否灵活可靠，然后将 VR 堵顶部槽口对准送入工具中部突出的横销，并套在送入工具上，送入工具里的弹簧将钢球顶在 VR 堵的槽中，用摩擦扳手将内杆拉回到初始位置（此时 VR 堵超出连接法兰约 150mm 长度）。

（4）关闭油管四通侧翼平板阀，卸下平板阀顶部的螺纹法兰，将送入（取出）工具的连接法兰按要求与平板阀连接。

（5）关闭工具上的泄压阀，打开平衡阀，缓缓开启平板阀，待压力平衡后（此时两压力表示值一致且不再变化），完全开启平板阀。

（6）将摩擦扳手扣到内杆上，向前用力顺时针扳转内杆，使内杆前移。当证实 VR 堵确已到位后（刻度约 16in），继续顺时针扳转内杆，将 VR 堵旋入到油管四通内，确认旋紧后，开启泄压阀，将工具内的压力放净，观察数分钟后，如没有液体继续漏出，则证明 VR 堵已封住。内杆前移也可借助于高压注塑枪来实现。方法是将高压注塑枪与泄压阀相接，打开泄压阀，关闭平衡阀，高压枪升压使内杆前移，当内杆不再前移且压力表差值较正常升高时，停止打压，关闭泄压阀，打开平衡阀，此时仍采用摩擦扳手将 VR 堵上紧。

（7）将工具从 VR 堵中取出，擦净，妥善保管。

4. 取出 VR 堵流程

（1）将取出工具与内杆连接好。

（2）将工具安放到侧翼阀上，关闭泄压阀，打开平衡阀，逆时针向前旋转内杆，促使取出工具的螺纹旋入到 VR 堵内，到达一定深度时，工具顶部即将 VR 堵的阀座顶开，这时井内压力即进入工具内，待压力平衡后，继续逆时针扳转内杆，将取出工具的螺纹全部上到底时，就会感觉到扳手的力矩增大，继续扳转内杆，就会看到内杆随着转动而上升，证明 VR 堵正从油管四通中卸扣，直到全部退出为止。

（3）用摩擦扳手向上提升内杆，检验 VR 堵是否完全脱开油管四通，然后关闭工具上的平衡阀，缓慢开启泄压阀，利用井内压力，促使内杆上升（注意放泄阀不能开得过快，以防内杆急速上升冲顶），当内杆上升到底时，关闭平板阀，拆开螺柱，平稳地将工具取出。

（4）取下 VR 堵，擦洗干净并保养好，妥善保管以备后用。

四、不丢手更换主阀

1. 技术简介

采用专用工具将堵塞器下入油管悬挂器内，打压坐封，在井口常压状态下安全地更换采气树阀门。在平衡压力状态下取出堵塞器，恢复井口生产。

2. 设备及原理介绍

1）设备结构

如图 6-16 所示，设备主要包括送进装置、堵塞器、固定装置。送进装置由送进液缸、传送杆、旋转压头构成。固定装置包括固定连接板、固定双头螺栓、固定下压板和固定上压板。

2）原理介绍

机械锁紧装置连接到固定连接板上，可实现堵塞器外锁定。堵塞器固定装置连接到固定双头螺栓上，转动旋转压头可实现堵塞器固定。从而完成整个不丢手带压更换采气树、采油树主阀过程中堵塞器的固定,不会出现堵塞器飞出伤人情况。

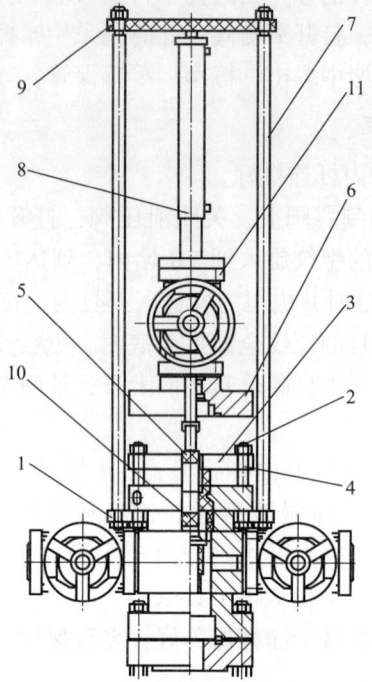

图 6-16 不丢手更换主阀设备

1—固定连接板;2—固定双头螺栓;3—堵塞器固定装置;4—固定下压板;5—旋转压头;
6—上法兰;8—送进装置;9—固定上压板;10—堵塞器;11—1号主阀

3. 堵塞器规格

堵塞器规格见表6-3。

表 6-3 堵塞器规格

名称	型号	额定压力	工作温度	适应工况
油管堵塞器	φ50mm	35MPa	−18~80℃	矿物油、水、天然气、二氧化碳
	φ57mm			
	φ62mm			
	φ78mm			
	φ89mm			

第六章　井口特种处理技术

4. 不丢手更换主阀作业流程

（1）当需要更换主阀时，用固定连接板和固定双头螺栓将机械锁紧装置连接好，同时将送进装置和堵塞器连接好。开启1号闸阀，用送进装置将堵塞器送到位后，封涨堵塞器坐封阻断井底气流，将主阀移动到可以安装堵塞器固定装置的位置时，将堵塞器固定装置安装好，拧紧旋转压头顶紧堵塞器。

（2）拆除机械锁紧装置上的固定上压板，将旧四通上法兰和送进装置吊离。

（3）将新四通上法兰和送进装置安装好后，连接好机械锁紧装置上的固定上压板。

（4）松开固定下压板，并拆除堵塞器固定装置，待主阀安装好后，拆卸固定连接板和固定双头螺栓。解封堵塞器，用送进装置将堵塞器退出1号闸阀阀板以上，关闭1号闸阀，放空1号闸阀阀板以外余气，从而完成更换四通上法兰的全过程。

五、不丢手更换套管阀

1. 技术简介

采用专用工具将堵塞器下入油管悬挂器内，打压坐封，在井口常压状态下安全地更换采气树阀门。在平衡压力状态下取出堵塞器，恢复井口生产。

2. 设备及原理介绍

1）设备结构

设备结构如图6-17所示，套管不丢手装置由送进装置、堵塞器、取安装置和机械锁紧装置等构成。送进装置由送进液缸、传送杆、卡套、密封支架和送进压板构成。

2）原理介绍

（1）送进压板通过卡套将传送杆固定在送进液缸上，通过送进液缸的轴向移动，将堵塞器送到预定位置。

（2）高压油从传送杆内注入堵塞器内，胶筒胀开隔绝上下气流，卡瓦胀开卡在管壁上。

（3）堵塞器和传送杆用锁紧装置将其锁紧后，放空堵塞器外的余气，拆卸需要更换的主控阀和四通之间的连接螺栓，用液压系统控制取安装置将套管主阀往外平移出来，用堵塞器固定装置将堵塞器固定住，松开机械锁紧装置和送进压板,将传动杆从堵塞器上拆卸掉,取出送进装置和套管主阀。

(4) 新套管主阀与送进装置连接后,送进装置安装到被取出的位置上,将传动杆连接到堵塞器上,安装好锁紧装置后退出堵塞器固定装置,用液压系统驱动取出装置将新阀平移到位,拧紧新阀和四通的连接螺栓,卸掉堵塞阀器内的油压,恢复堵塞器,并通过液压系统控制送进液缸将堵塞器退出,关闭新套管主阀,放空余气后取出拆卸装置。

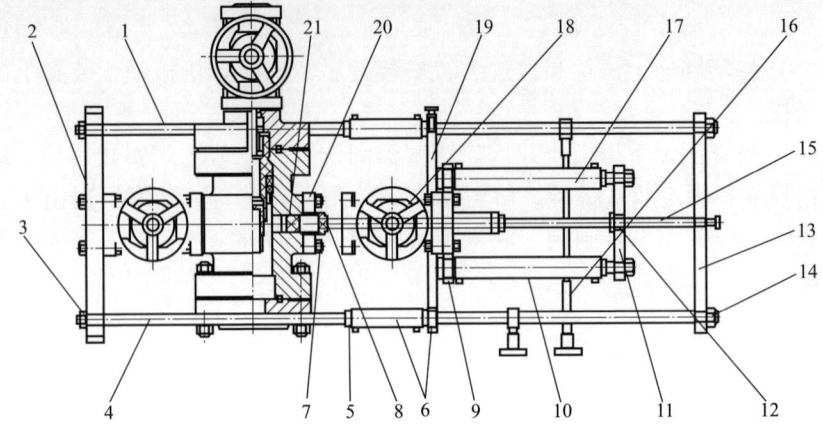

图 6-17 不丢手更换套管阀设备

1—机械锁紧装置;2—锁紧支架;3—连接螺母;4—锁紧螺杆;5—移阀液缸;6—取安装置;
7—连接螺栓;8—旋压接头;9—密封支架;10—送进液缸;11—送进压板;12—卡套;
13—锁紧压板;14—锁紧螺帽;15—传送杆;16—锁紧支腿;17—送进装置;18—阀门;
19—移动支架;20—堵塞器固定装置;21—堵塞器

3. 堵塞器规格

堵塞器规格见表 6-4。

表 6-4 堵塞器规格

名称	型号	额定压力	工作温度	适应工况
套管堵塞器	$\phi 50mm$	35MPa	$-18\sim 80℃$	矿物油、水、天然气、二氧化碳
	$\phi 55mm$			
	$\phi 60mm$			
	$\phi 65mm$			

4. 不丢手更换套管阀流程

(1) 当需要更换旧四通上法兰时,用固定连接板和固定双头螺栓将机械

第六章　井口特种处理技术

锁紧装置连接好,同时将送进装置和堵塞器连接好。开启1号闸阀,用送进装置将堵塞器送到位后,封涨堵塞器坐封阻断井底气流,将四通上法兰移动到可以安装堵塞器固定装置的位置时,将堵塞器固定装置安装好,拧紧旋转压头顶紧堵塞器。

(2) 拆除机械锁紧装置上的固定上压板,将旧四通上法兰和送进装置吊离。

(3) 将新四通上法兰和送进装置安装好后,连接好机械锁紧装置上的固定上压板。

(4) 松开固定下压板,并拆除堵塞器固定装置,待四通上法兰安装好后,拆卸固定连接板和固定双头螺栓。解封堵塞器,用送进装置将堵塞器退出1号闸阀阀板以上,放空1号闸阀阀板以外余气,从而完成更换四通上法兰的全过程。

本章知识要点

(1) 带压钻孔设备的类型及结构原理。
(2) 冷冻暂堵技术作业流程及注意事项。

思考题

带压钻孔技术及冷冻暂堵技术可解决哪些带压作业过程中遇到的工程复杂问题?

第七章　带压作业安全风险分析

带压作业是在油、气、水井存在井口压力的状态下，进行带压起下管柱、带压钻磨、带压打捞、带压冲砂等作业，可能发生井喷（环空密封失效、内防喷失效）、油管飞出、油管落井、卡瓦失效、着火爆炸、硫化氢中毒、机械伤害、高压伤害、高空坠落等风险，属典型高风险作业。

为确保施工安全进行，有必要对带压作业进行安全风险分析，建立安全管理系统。许多安全业绩卓越的国际企业如 BP、杜邦公司等，通常将安全管理系统划分为两大部分，即工艺安全管理和行为安全管理，前者是如何对工艺、设备进行管理，后者是如何对员工的安全行为、安全表现进行管理，因此用于危害识别与风险评价的方法也分为工艺安全分析（PHA，Process Hazard Analysis）与工作安全分析（JSA，Job Safety Analysis）。

工艺安全采用系统的方法对工艺危害进行辨识，根据工艺过程的特点，采取不同的方式辨别存在的危害、评估危害可能导致的事故频率和后果，并以此为基础设法消除危害以避免事故，或减轻危害可能导致的事故后果。而工作安全主要是指使用各类个人防护用品和建立相应的规章制度来保护作业人员，防止发生人员伤害事故。

第一节　工艺安全分析

工艺安全管理目的是确保工艺设施得到安全的设计和运行，专注于预防重大工艺事故，如火灾、爆炸和有毒化学品的泄漏等，将管理控制（计划、程序、审核和评价）用于处理危险物质或能量，这些控制有助于识别、了解和控制工艺危险。工艺安全分析是工艺安全管理的重要组成部分。

工艺安全分析是综合了科学、技巧以及判断，以系统的方法来识别、分析、评估并制订控制措施，以消除和减少与工艺相关的危害事件的过程。

工艺安全分析通常由一名组长、四到五名组员和一名记录员组成分析小组，组员由来自涉及的所有专业、对分析对象有着丰富实践经验的人员组成，

第七章 带压作业安全风险分析

一般需要一线操作/生产人员、维护/设备人员、工程/技术人员、一线管理人员（如作业队队长）、HSE 人员、安全专业人员共同进行。这样既可以保证分析的质量，又不会影响分析的效率。分析小组在工艺安全分析任务书的框架内负责制订实施计划，对所要分析的对象进行危害识别、评估与提出建议措施，并最终撰写工艺安全分析报告。

开展工艺安全分析前首先应收集全面准确的分析资料，一般包括物料的危害性、相关的管理制度、技术标准、操作规程、工艺流程、工艺、设备参数、相关事故调查报告、变更资料、该工艺以前的工艺安全分析报告等内容，这是确保工艺安全分析完整有效的先决条件。然后建立流程图，一般以项目施工流程为主线，明确作业过程的主要工序，确定每个工序中的工作内容，通过评估，识别流程中的相对高风险工序，从而确定分析的优先顺序。

带压作业可以以"接受任务"为初始工序，以"总结提交资料"为终止工序来建立流程图，也可以以每个工艺来建立流程图。

进行工艺安全分析的第一步是对所分析的对象进行危害辨识，帮助分析小组认识所分析对象中存在的风险点、源，以确保危害分析不会遗漏。危害分析的目的是在事故之前通过科学的方法，尽可能地识别事故发生的途径，其包括识别生产过程中可能发生的"危害事件"，此危害事件可能造成的最严重的"后果"，以及阻止后果产生的"现有防护措施"。

危害辨识的方法通常包括：使用危害清单、回顾事故与未遂事件报告、现场观察、回顾以往的工艺安全分析报告等。

工艺安全分析方法根据所分析的对象不同，可以从故障假设分析（What-If）、故障模式与影响分析（FMEA）、危害性与可操作性研究（HAZOP）、故障树分析（FTA）、人员因素分析等方法中选择适合的分析方法。

经过危害分析，对危害性大的，必须提出可靠的风险削减建议措施，将风险水平降至可接受水平；对于其他风险等级，也可提出建议措施来改进。建议措施可以分为工程设计、设备硬件方面的措施和管理方面的措施三类，其中应优先选择工程设计及设备硬件方面的措施。工程设计及设备硬件方面的措施，宜按照消除、替换、从危险源入手降低风险、采用物理措施限制（隔离）危险源（个人防护装备应该被视为最后一道安全保障）的顺序优先考虑；管理方面的措施包括建立健全规章制度、完善操作规程、培训、改善目视化措施、建立监督检查和奖惩机制、制订应急预案并演练等。所有这些建议、措施，最终都应以书面形式，纳入管理制度、技术标准、员工操作标准三类文件，以达到规范化和制度化的目的。

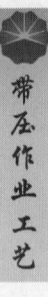

1. 故障假设（What-If）/检查表法（CheckList）

故障假设/检查表法组合了两个基本的方法：故障假设法和检查表法。

故障假设法是运用头脑风暴的形式，对研究的对象提出各种可能故障问题的假设，产生后果及发生原因，然后识别现有的防护措施并判断其合适性和充分性，需要的话作出建议措施。

检查表法是利用预先准备的检查表，对研究对象进行逐项查对，如有不符合地方，进行判断，需要的话作出建议措施。

故障假设/检查表分析法相对比较容易使用，所有首次工艺安全分析应使用这一方法。采用故障假设法分析吊油管上操作平台的作业步骤、假设问题、后果、发生原因、建议措施见表7-1。

表7-1 采用故障假设法分析吊油管上操作平台

作业步骤	假设问题	后果	发生原因	建议措施
……	假如……	会怎样	为什么会发生	现有保护措施为设置警戒线，防止人员进入区域，穿戴个人防护用品
油管上操作平台	1. 油管滑落	1. 损坏油管，造成经济损失； 2. 潜在的人员伤亡	1. 吊卡未关闭到位	规程中增加试吊
			2. 吊卡的吊绳断了	加强吊绳的定期检查、检测
			3. 使用了错误的吊绳	规程中加入正确选择吊绳的方法与要求
			4. 未使用尾绳，造成油管晃动	用吊带套牢油管，并使用导向绳
	2. 油管与其他物体碰撞	1. 损坏油管，造成经济损失； 2. 潜在的人员伤亡	1. 未使用尾绳，造成油管晃动	用吊带套牢油管，并使用导向绳
			2. 吊车司机的操作失误	审查司机资质，进行吊装JSA分析，人员轮换防疲劳
	3. 未通内径	1. 油管内有砂石，打通破裂盘，天然气喷出； 2. 未发现变形的油管入井，导致下步工作不能开展	人员操作失误	作业人员只使用一个内径规，场地人员确认砂石落出后方能连接油管
	4. 油管吊错	1. 螺纹损坏的油管再次造成另一根油管螺纹损坏，造成经济损失； 2. 螺纹密封不严，存在气体泄漏风险	1. 管理缺陷，未将损坏油管与入井油管隔离，单独摆放	隔离摆放，设置标识
			2. 上岗人员交接不清楚	规程中明确岗位交接内容

第七章 带压作业安全风险分析

2. 故障模式与影响分析法（FMEA）

故障模式与影响分析法是有关组件故障的研究方法。通过对系统或设备各组件故障模式的分析，确定每一种故障模式对整个系统的影响，并对其关键度进行评估并制订建议措施。运用故障模式与影响分析，可以保证设计、运行已经考虑到所有可预见的故障模式，以及对系统顺利运行所产生的影响，同时也为将来现场的故障排查、设备设施的维护保养计划建立了基础。例如，动力源柴油机突然熄火故障，带压作业无液压源导致系统不能使用，可能导致井喷、油气水不能有效密封等，风险非常高，针对这一过程制定的维护保养检查制度。

3. 危害性和可操作性研究法（HAZOP）

危害性和可操作性研究法是有条理有组织地研究工艺各参数偏离的形成原因及其对整个工艺系统的影响。此项研究的结果可用来辨识哪些标准操作条件的偏离可能造成危害事件，同时也辨识防护措施。该方法中工艺参数包括流量、温度、压力、液位、腐蚀量、时间等；偏离包括偏大、偏小、无、反向、部分、伴随、异常。例如，带压作业井口压力因天然气产量波动突然升高，关闭环形防喷器起下管柱可能造成气体泄漏，需使用工作半封闸板起下管柱。

4. 故障树分析法（FTA）

运用树形图和成功/失败的逻辑判断，对一个危险事件（危险物料、能量的泄漏）的各种可能后果（火灾、爆炸、有毒物扩散等）进行分析，分析结果可用于判断危险事件的后果及关键性的防护措施。这一分析方法从一起顶级事件（如管柱内天然气泄漏）开始着手，逐层逆向追溯造成顶级事件的原因，直至追溯到管理上的缺陷或工作范围以外的影响因素。描绘了导致不希望发生的顶级事件的故障链，以及可能导致这种顶级事件的故障组合。如图 7-1 所示，采用故障树分析带压作业内堵塞失效的因素。

5. 人为因素分析法

人为因素分析法针对人员及其工作环境相互作用，主要关注人员与其环境中设备、系统和信息之间的关系，重点是辨识和避免人为失误可能发生的情况。潜在人为失误的情况可能涉及有缺陷的操作程序、不合理的任务（工作量过大）、沟通不畅、优先关系不明确、不合理的布置或控制等。例如，某些人为失误很有可能引起带压作业工艺不正常、工艺事故逐步升级或削弱工艺防护措施性能等情况。

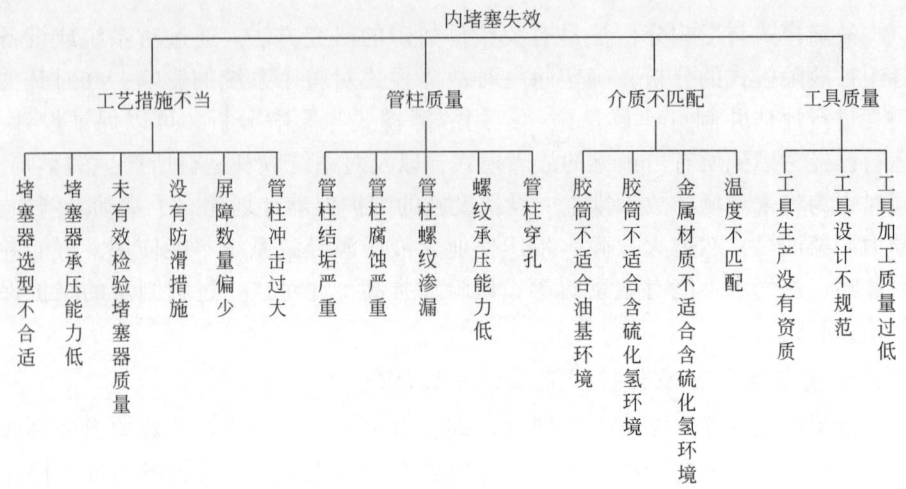

图 7-1　带压作业内堵塞失效故障树

工艺安全分析方法的选择受到多种因素的影响，例如，工艺系统的规模和复杂程度、操作人员是否有相关的生产操作经验及对工艺系统的掌握程度、工艺系统已经投产的时间和变更的情况（变更是否频繁）等。

以上五种常用工艺安全分析方法在带压作业危害分析中各有特点及针对性，不是单一的，在具体工艺安全分析时，可以选择多种分析方法来进行更全面的危害辨识、评估和控制。由于带压作业各类标准、程序在逐步完善中，首次工艺过程建议采用故障假设法，头脑风暴式提出各种可能故障问题的假设，分析产生后果及发生原因，然后识别现有的防护措施并判断其合适性和充分性，需要的话作出建议措施。待施工工艺较成熟后，可省略工艺安全分析较复杂的步骤，直接进行工作安全分析。

第二节　工作安全分析

工作安全分析（Job Safety Analysis，JSA），又称作业安全分析，就是事先或定期对某项工作任务进行风险评价，并根据评价结果制订和实施相应的控制措施，达到最大限度消除或控制风险目的的方法。工作安全分析有事前工

第七章 带压作业安全风险分析

作安全分析和计划性工作安全分析两种。事前工作安全分析通常是办理作业许可的前提条件，是针对特定的非常规作业，其目的是控制此次作业的风险；而计划性工作安全分析是针对整个作业流程中的关键任务，多数是常规作业或者是可预见的非常规作业，其目的是通过工作安全分析评估现有作业程序的有效性和补充关键任务的作业程序。

工作安全分析是生产过程中员工进行危险识别的基本方法、工具和管理程序，工作安全分析由参与作业的人员来进行，且是一线员工必须掌握的危害识别与风险控制的基本方法。其目的是在作业前，通过作业人员共同讨论，识别出工作任务的关键步骤及其主要危害，并制订出合理的控制措施，从而将作业风险消减或控制在可接受的范围内。实施工作安全分析不仅能控制作业风险，而且还是对员工进行操作培训、评估作业程序有效性的重要手段。实施工作安全分析主要包括作业步骤、危害辨识、风险评价、控制措施四个步骤。

一、作业步骤

组织作业现场技术人员、实践经验丰富的操作人员共同梳理工作流程，识别出关键工作任务，理出需要进行工作安全分析的关键任务清单，就是把工作分解成具体工作任务或步骤，按工艺过程先后顺序分解为相连的作业步骤，分解步骤时应注意不可过于笼统，也不可过于细节化。一旦选定了某项作业需要做工作安全分析，就将该项作业的作业步骤列在《工作安全分析表》上。工作步骤的区分是根据该作业完成的先后顺序来确定的，工作步骤需要简单说明"做什么"，而不是"如何做"。工作步骤不能太详细以至于步骤太多，也不能太简单以至于一些基本的步骤都没有考虑到，通常不超过 7 个步骤。如果某个工作的基本步骤超过 9 步，则需要将该作业分为不同的作业阶段，并分别做不同阶段的工作安全分析。

如"带压起出油管挂"可分解为联顶节顶部安装旋塞阀、连接联顶节、关卡瓦、关闭环形防喷器、平衡防喷器压力、松顶丝、起悬挂器、卸悬挂器八步；"轻管柱时分段起出油管接箍"可分解为平衡防喷器内压力、打开闸板、起油管接箍至闸板以上、关闸板、泄闸板上部压力、起出接箍六步。

二、危害辨识

危害辨识就是识别危害的存在，并识别工作流程中每一步骤的危害。这里的危害是指能引起人员的伤害或对人员的健康造成负面影响的情况，这些危害因素包括物理的、化学的、生物的、心理的、生理的、行为的、环境的等。物理性危害因素包括设备设施缺陷、电危害、电磁辐射、噪声、振动、标志缺陷、机械、明火、高低温物质、粉尘与气溶胶；化学性危害因素包括物质类型［易燃易爆性物质、自燃物质、有毒物质、腐蚀物质（液体、气体、固体）］；进入人体的方式［吞咽（口）、吸入（皮肤）、吸入（呼吸）］；行为性危害因素包括指挥错误、操作失误、监护失误、其他错误。

应尽可能多地识别各个步骤中的风险，对每个步骤都应该问"这个工作步骤过程中可能存在什么样的风险，这些风险可能导致什么样的后果"，识别危害时应充分考虑人员、设备、材料、环境、方法五个方面和正常、异常、紧急三个状态。

如作业步骤中"带压起出油管挂"可能发生包括拉断油管、损坏油管、损坏油管挂、顶丝受损、卡瓦钳牙掉落等物理危害，同时也可能发生硫化氢泄漏、天然气泄漏等化学性危害；作业步骤中"轻管柱时分段起出油管接箍"可能发生包括管柱拉断、闸板损坏、释放气体/液体、地面管线异常带压、管柱喷出等物理的危害，也可能因释放气体/液体造成人员受压力刺伤、眼睛受伤等生理的危害。

三、风险评价

风险评价可分为定性评价、半定量评价、定量评价三种方法。

风险评价方法通常采用作业条件危险性评价法（LEC法）和风险矩阵法，风险评价是对在危险状态下可能损伤或危害健康的概率和程度进行全面评价的过程。

鉴于带压作业是高风险作业环境，因此采用这种简单易行的作业条件危险性评价方法来评价。员工在具有潜在危险环境中作业时危险性的半定量评价方法——作业条件危险性评价法，是由美国格雷厄姆（K J Graham）和金尼（G F Kinney）提出的，他们用下面的公式来衡量风险的大小：

$$R = LEC$$

其中　R——风险（Risk），表示风险发生的危险性，可以按值的大小划分风险等级；

L——发生的可能性（Likelihood），表示事故发生的频率，通常用极高、高、中、低、极低、不可能发生来表示；

第七章　带压作业安全风险分析

E——频繁程度（Exposure），表示人员连续、每天、每周、每月或是每年暴露于危险环境的频繁程度；

C——后果（Consequence），就是一旦发生事故可能造成的后果，如死亡、终身残疾、损失工时事故、医疗救助受伤、轻伤、无后果。

带压作业的风险评价，对事故发生的可能性（L）、人员暴露于危险环境中的频繁程度（E）、事故可能造成的后果（C）分别赋值为"0、1、2、3、4、5"六个分值，并按三个因素分值的乘积分为低风险作业、中等风险作业、高风险作业、关键工作四个等级，详见表7-2。

（1）风险值（R）介于0~49之间时，为低风险作业任务，记为"D"；

（2）风险值（R）介于50~74之间时，为中等风险作业任务，记为"C"；

（3）风险值（R）介于75~100之间时，为高风险作业任务，记为"B"；

（4）风险值（R）介于101~125之间时，为关键工作任务，记为"A"。

表7-2　带压作业危险性评价法（LEC法）

暴露于危险环境中的频繁程度（E）		事故后果的严重程度（C）		事故发生的可能性（L）	
5	连续出现	5	死亡—慢性健康影响	5	极高
4	每天	4	终身残疾—严重	4	高
3	每周一次	3	损失工时事故	3	中
2	每月一次	2	医疗救助受伤	2	低
1	每年一次	1	轻伤	1	极低
0	无	0	无	0	不可能发生
风险值（R）=暴露率（E）×严重程度（C）×可能性（L）					
关键工作任务 "A" 101~125		高风险作业任务 "B" 75~100		中等风险作业任务 "C" 50~74	低风险作业任务 "D" 0~49

对于实际的风险，应以现场作业条件为基础（考虑所采取的措施），由熟悉作业条件的人员组成，按规定标准给L、E、C分别打分，取三组分值集的平均值作为L、E、C的计算分值，用计算的危险性分值（R）来评价作业条件的危险等级。

四、控制措施

控制措施是工作安全分析的最重要步骤，有效的控制措施能将不可接受风险降低到可接受的程度，消除危害避免事故或减轻危害可能导致的事故后果，达到安全进行工艺过程的目的。控制措施包括工程控制和管理控制，在进行工艺过程时应先采用工程控制措施来降低风险，当工程控制不能降低风险到可接受的程度，再用管理控制措施来进行安全作业。在制订风险控制措施时，工程控制措施按顺序考虑以下几个方面：

（1）消除：取消工作中的一个步骤，用其他安全的新的技术手段取代危险的操作。

（2）替代：用更安全的方法替代现有操作。如含硫化氢井作业，硫化氢是有毒有害气体，易损坏井口防喷器等设备，采用注入满井筒氮气，把含硫化氢气体憋入井内，让作业介质变成氮气。

（3）降低：使用其他设施降低风险。如井口大阀门关闭不严，天然气泄漏聚集形成易燃易爆状态，采用防爆排风扇吹散；235K带压作业机液缸平台连接升高法兰短节时，避免吊装重物下站人，使用支撑座来承载液缸平台的重量。

（4）隔离：隔离与控制能源，用距离/屏障/护栏防止员工接触危险。如井口试压时用警戒线隔离高压区域，防止员工进入高压危险区域；带压设备安装时用牵引绳远处控制起吊设备；钢丝桥塞内堵后，坐入止滑器，增加一道安全屏障。

管理控制有程序、减少员工暴露时间、个人防护三种方式。

（1）程序：用规定的安全工作系统，降低风险。如带压作业操作规程、工艺变更管理、工艺流程图、带压作业现场检查表、人员因素检查表等。

（2）减少员工接触时间：限制接触风险的员工数量，控制他们的接触时间。如工作岗位轮换、实行倒班制度、合理设计带压作业场所等。

（3）个人防护：配置适用充分的个人防护用品。如上下带压作业机穿戴安全带、敲击作业佩戴护目镜、气体泄漏时使用空气呼吸器进行应急抢险或逃生、用气体监测仪对空气中气体含量进行判断等。

下面以防喷器试压作业工作安全分析来举例，详见表7-3。

第七章 带压作业安全风险分析

表 7-3 防喷器试正工作安全分析

工作步骤	潜在危险	控制措施	涉及岗位	危险等级
1. 把防喷器摆放到井口附近： a. 绕防喷器一周检查，以确保周围区域是安全的； b. 将所有试压桩的高空作业车停到井口旁； c. 连接防喷器液压管线； d. 给蓄能器打压	1. 碎片或井口周围的软点； 2. 人被压伤、碾压； 3. 液压油泄漏； 4. 高压软管破裂	1. 沿井口巡查一周并用监测仪监测气体含量； 2. 穿戴好个人防护用品，戴手套； 3. 蓄能器打压时，切勿靠近	带压作业队人员	C64
2. 安装连接试压泵： a. 松开试压管线； b. 将带试压力表的三通与防喷器连接； c. 连接试压管线	1. 夹伤或挤压； 2. 金属碎片扎伤； 3. 快速接头未能正确连接	1. 身体部位远离夹伤点或挤压点； 2. 穿戴好个人防护用品、戴安全护目镜； 3. 确保快速接头正确连接	带压作业队人员	C64
3. 防喷器灌满试压介质： a. 开启 4 号上水阀（阀门编号以实际为准，这里仅表示开关状态，下同），并标识开关位置； b. 开启 1 号高压阀和 2 号注入阀； c. 开启 6 号高压阀； d. 关闭 5 号回流阀和 3 号回吸阀； e. 打开低压泵和高压泵； f. 检查循环情况； g. 停泵	1. 阀门错误开启； 2. 压力可能造成配件的损害； 3. 灌入试压液过多造成溢出	1. 所有阀门按规定编号挂牌； 2. 正确开关阀门； 3. 使用双向无线电对讲机沟通（如果没有对讲机，会上应对手势和员工位置进行讨论并记录）； 4. 穿戴好个人防护用品、戴手套	带压作业队人员	C64

续表

工作步骤	潜在危险	控制措施	涉及岗位	危险等级
4. 全封闸板试压： a. 关闭全封闸板防喷器； b. 关闭2号注入阀； c. 关调压阀，启动低压泵和高压泵； d. 开调压阀，直到达到低压测试值1.4MPa； e. 关调压器，回旋1/4圈，停泵； f. 关防喷器，回旋1/4圈，停泵； g. 稳压观察10min； h. 在1/4圈将压力打到1.4MPa，然后打开闸板防喷器，开调压阀，直到达到高压测试值21MPa； i. 关防喷器，回旋1/4圈，停泵，关调压器	1. 夹伤或挤压； 2. 调压太快； 3. 管线高压伤害； 4. 全封闸板关闭前开泵	1. 关闭全封闸板时身体与防喷器有一定距离； 2. 调压时要缓慢打开调压阀，密切注意观察压力； 3. 远离高压管线； 4. 使用双向无线电对讲机沟通（如果没有对讲机，会上应对手势和员工位置进行讨论并记录）	带压作业队人员	C64
5. 泄压： a. 打开5号回流阀； b. 关闭4号吸入阀； c. 关闭3号吸入阀； d. 关闭6号压入阀； e. 缓慢打开2号注入阀； f. 打开1号高压阀； g. 打开防喷器1/4圈； h. 打开全封闸板前检查三通针形阀	1. 阀门处于错误的位置； 2. 泄压太快； 3. 检查压力时，提前打开全封闸板	1. 按照程序检查阀门开关状态； 2. 缓慢泄压； 3. 用针形阀先泄压，查看压力表，再打开全封闸板	带压作业队人员	C64

第七章 带压作业安全风险分析

续表

工作步骤	潜在危险	控制措施	涉及岗位	危险等级
6. 半封闸板试压 a. 安装合适尺寸的短节,并用24in管钳拧紧; b. 推拉管钳试压液高于半封闸板; c. 其余步骤与全封闸板试压相同	1. 短节的尺寸不合适; 2. 推拉管钳时站位不当造成伤害(与全封闸板试压一样)	1. 确保短节尺寸与防喷器闸板相同; 2. 平稳推拉管钳	带压作业队人员	C64
7. 回吸试压介质 a. 确保所有压力泄光; b. 关闭除 3 号和 5 号外的所有阀门; c. 开启低压泵; d. 一旦液体流过四通阀,将软管移到四通阀上的快速接头	1. 阀门处在错误的状态可能引起压力增高; 2. 液体未回收到储罐里造成污染	1. 按照程序检查阀门关闭状态; 2. 确保试压介质返回储罐	带压作业队人员	C64

安全设备和个人防护用品的要求						
橡胶手套	□	喇叭	□	减震系索	□	
皮手套	□	诺梅克斯 FRC 雨衣	□	风向标	□	
氯丁橡胶 FRC 雨衣	□	护目镜	×	全身式安全带	×	
工作许可	□	面罩	□	钢趾保护安全靴	□	
化工围裙	□	呼吸器	□	脚手架	□	
能源锁定	□	安全玻璃	×	安全帽	×	

注:"×"为需要;"□"为不需要。

暴露于危险环境中的频繁程度		事故后果的严重程度		事故发生的可能性	
5	连续出现	5	死亡—慢性健康影响	5	极高
4	每天	4	终身残疾—严重	4	高
3	每周一次	3	损失工时事故	3	中
2	每月一次	2	医疗救助受伤	2	低
1	每年一次	1	轻伤	1	极低
0	无	0	无	0	不可能发生

风险值=暴露率×严重程度×可能性

关键工作任务	高风险作业任务	中等风险作业任务	低风险作业任务
"A" 101~125	"B" 75~100	"C" 50~74	"D" 0~49

第三节　常见工序工作安全分析

本节主要对带压作业常见工序进行了作业步骤分解、潜在危害辨识、风险评价分级、控制措施制订，列举了常见工序工作安全分析表，以供学习参考。本节中安全设备和个人防护用品的要求中"×"为需要，"□"为不需要。

一、下油管工作安全分析

下油管工作安全分析见表7-4。

二、起油管工作安全分析

起油管工作安全分析见表7-5。

三、下油管挂对防喷器组试压工作安全分析

下油管挂对防喷器组试压工作安全分析见表7-6。

四、起油管挂工作安全分析

起油管挂工作安全分析表见7-7。

五、油管堵塞器泄漏工作安全分析

油管堵塞器泄漏工作安全分析见表7-8。

六、含硫化氢井作业工作安全分析

含硫化氢井作业工作安全分析表见7-9。

第七章 带压作业安全风险分析

表 7-4 下油管工作安全分析

作业步骤	潜在危害	防控措施	涉及岗位	危险等级
1. 完成设备安装和测试				
2. 读取并记录井口压力，计算上顶力，调节液缸压力	1. 油管弯曲；2. 油管射出	1. 调节液缸压力满足克服上顶力、摩擦力，接箍过环形防喷器的力；2. 定期保养带压作业装置，并做好记录	带压作业人员	C64
3. 召集现场所有人员召开安全会议，讨论操作油管方法，如从场地吊起油管，从井架上下油管等，讨论堵塞器渗漏或失效的处理方法。注：将油管吊起后使用带压作业装置工作篮坡道	1. 夹伤；2. 堵塞器失效造成气体或井筒流体泄漏；3. 重物下工作	1. 保证相关作业人员之间良好的交流；2. 必须讨论堵塞器失效情况并提出控制措施；3. 正确穿戴个人防护用品；4. 清楚无论是从地面或是走井下吊油管的危险性	井场所有人员	D4
4. 连接 BHA 并在管柱上部安装旋塞阀，送入防喷器内，关闭防喷器卡瓦和卡瓦，环形防喷器关闭压力，用井筒高压力平衡防喷器内压力，在环形防喷器上淋油减少摩擦。注：设置环形关闭压力时，既能确保管柱容易起下又要保证密封管柱，缓冲瓶压力必须为 350psi	1. 地面设备带压；2. BHA 管柱射出	1. 规定作业人员进入带压作业区域；2. 平衡压力前，必须关闭环形防喷器，调节压力，关闭环形防喷器、液缸压力也做相应的调节	带压作业人员 测试员	B80

续表

作业步骤	潜在危害	防控措施	涉及岗位	危险等级
5. 慢慢下入BHA管柱。注：查管柱技术参数，计算无支撑长度，举升机液缸冲程长度合适，防止压弯油管；测量BHA管柱长度并注明BHA管柱进入套管的长度	1. 油管弯曲	1. 每冲程应缓慢通过，确保顺利通过防喷器，防止遇阻压弯管柱； 2. 与操作手沟通管柱下入位置	带压作业人员	B80
6. 随着BHA管柱的下入、吊起下一根管柱并连接，慢慢下入、稳定地依次下入油管接近中和点。注：结合计算的中和点长度，频繁测试管柱是否进入重管柱状态	1. 夹伤； 2. 重物下工作； 3. 轻管柱变成重管柱	1. 正确使用卡瓦、吊卡、液压钳，并保持良好沟通； 2. 油管起吊区域无障碍物遮挡； 3. 保证计算正确，如果井筒有液体，则计算浮力。加强重管柱测试	带压作业人员	B80
7. 一旦管柱进入重管柱状态，调节举升机压力以推动接箍通过环形防喷器，操作手控制好速度以安全、平稳的速度下入，确保冲程长度以便接箍通过环形防喷器。注：一旦管柱质量多2t，则接箍能自由通过环形防喷器	1. 油管晃动； 2. 管柱或接箍挂在环形防喷器上	1. 操作手保持良好沟通，以安全、平稳的速度作业； 2. 检查润滑环形防喷器	带压作业人员	C64

第七章 带压作业安全风险分析

续表

作业步骤	潜在危害	防控措施	涉及岗位	危险等级
8. 接箍一旦能自由通过环形防喷器, 继续以安全、平稳的速度下至设计井深。注: 在管柱足够重, 不借助举升机力量的情况下, 应启动气体锁定装置	1. 夹伤; 2. 重物下工作; 3. 堵塞器失效导致井筒流体泄漏	1. 正确使用卡瓦、吊卡、液压钳; 2. 油管作业区域无障碍物; 3. 堵塞器失效情况下的控制措施准备就绪	带压作业人员	C64

安全设备和个人防护用品的要求

橡胶手套	□	喇叭	□	减震索	×
皮手套	×	诺梅克斯Ⅲ工作服	□	风向标	×
氯丁橡胶FRC雨衣	□	护目镜	×	全身式安全带	×
工作许可	□	面罩	□	钢趾保护安全靴	□
化工围裙	□	呼吸器	□	脚手架	□
能源锁定	□	安全玻璃	×	安全帽	×

暴露于危险环境中的频繁度		事故后果的严重程度		事故发生的可能性	
5	连续出现	5	死亡—慢性健康影响	5	极高
4	每天	4	终身残疾—严重事故	4	高
3	每周一次	3	损失工时事故	3	中
2	每月一次	2	医疗救助受伤	2	低
1	每年一次	1	轻伤	1	极低
0	无	0	无	0	不可能发生

风险值=暴露率×严重程度×可能性

关键工作任务 "A" 101~125	高风险作业任务 "B" 75~100	中等风险作业任务 "C" 50~74	低风险作业任务 "D" 0~49

表 7-5 起油管工作安全分析

作业步骤	潜在危害	防控措施	涉及岗位	危险等级
1. 完成设备安装和测试				
2. 读取并记录井口压力，计算上顶力，调节举升机压力。注：不需要进行起下管柱作业时，不需用空气锁定系统锁住卡瓦	1. 油管弯曲； 2. 油管喷出	1. 调节举升机压力满足上顶力，摩擦力，按籍过环形防喷器的力； 2. 定期保养带压作业装置，并做好记录	带压作业人员	D4
			带压作业人员	C64
3. 起出油管柱。起第一根时缓慢进行，防止刮到油管头、防喷器等	1. 地面设备带压； 2. 损坏顶丝或油管挂； 3. 井筒流体泄漏	1. 规定作业人员进入带压作业区域； 2. 顶丝完全退出，计算并记录管柱重量； 3. 泄压管线安装连接正确	带压作业人员	C64
4. 调节环形防喷器关闭压力，保证能密封和摩擦力较小，操作手起管柱安全平稳，当接箍过环形防喷器时缓慢进行。直到起油管至中和点。注：缓冲瓶压力保持在350psi；防喷器油管吊卡下地面时确保通过带压作业工作篮坡道	1. 夹伤； 2. 重物下工作； 3. 堵塞器失效导致井筒流体泄漏	1. 正确使用卡瓦、吊卡、液压钳； 2. 油管作业区域无障碍物； 3. 必须就堵塞器失效制措施准备就绪将控制措施准备就绪	带压作业人员 测试员	C64

第七章　带压作业安全风险分析

续表

作业步骤	潜在危害	防控措施	涉及岗位	危险等级
5. 一旦管柱在起的过程中在吊卡里有轻微窜动，必须下放管柱，进行轻管柱测试，多次检查是否为轻管柱。注：参考前期中和点计算	1. 油管喷出； 2. 堵塞器失效造成气体或井流体泄漏	1. 正确计算举升力及油管内有流体时的举升力； 2. 必须就堵塞器失效进行讨论并将控制措施准备就绪	带压作业人员	C64
6. 确定轻管柱后，辅助式作业机操作手就替换司钻上提油管，用液缸安全平稳提出管柱。当接箍通过环形防喷器后，目测接箍位置，确保关闭环形防喷器顶卡瓦在油管位置，而不是接箍	1. 油管喷出； 2. 油管内的井流体溢出； 3. 井筒流体伤人	1. 调节液缸压力满足克服上顶力、摩擦力，接箍过环形防喷器的力； 2. 必须将作业过程中溢出的井流体汲尽； 3. 穿戴好个人防护用品	带压作业人员 测试员	B80
7. 继续带压起出油管尾管直接到油管鞋位以上，关闭井闸板，卸掉全封闭并锁定全封闭闸板，泄掉全封闭闸板上部压力	1. 油管管鞋或 BHA 直接出环形防喷器； 2. 全封闭闸板关不到油管或工具上； 3. 释放天然气或井筒流体造成污染或伤害	1. 查资料或丈量清楚管柱长度； 2. 正确安装、连接泄压管线	带压作业人员 测试员	B80

安全设备和个人防护用品的要求

橡胶手套	□	喇叭	□	减震系索	×
皮手套	×	诺梅克斯Ⅲ工作服	□	风向标	□
氯丁橡胶FRC雨衣	□	护目镜	×	全身式安全带	×
工作许可	□	面罩	□	钢趾保护安全靴	□
化工围裙	×	呼吸器	□	脚手架	□
能源锁定	□	安全玻璃	×	安全帽	□

暴露于危险环境中的频繁程度		事故后果的严重程度		事故发生的可能性	
5	连续出现	5	死亡—慢性健康影响	5	极高
4	每天	4	终身残疾—严重事故	4	高
3	每周一次	3	损失工时事故受伤	3	中
2	每月一次	2	医疗救助受伤	2	低
1	每年一次	1	轻伤	1	极低
0	无	0	无	0	不可能发生

风险值 = 暴露率 × 严重程度 × 可能性

关键工作任务 "A" 101~125	高风险作业任务 "B" 75~100	中等风险作业任务 "C" 50~74	低风险作业任务 "D" 0~49

表7-6 下油管挂对防喷器组试压工作安全分析

作业步骤	潜在危害	防控措施	涉及岗位	危险等级
1. 组织现场所有人员参加安全会议。设置液缸压力,记录下压力			井场所有人员	D4
2. 在油管挂底部安装好丝堵并打紧,并连接到联顶节至下部,在联顶节顶部连接好旋塞阀并关闭。测量最上部油管至卡瓦至油管头的距离,在联顶节上做好标记;将油管挂送到工作闸板防喷器的闸板腔处	1. 丝堵渗漏、压力等级不够; 2. 防喷器组内油管挂密封渗漏	1. 保证所有的螺纹都按要求拧紧; 2. 确保油管挂在工作闸板腔室内,进而确保油管挂上下部的压力平衡	井场所有人员	C64
3. 关闭环形防喷器,关闭顶卡瓦,液缸轻微上起,关闭固定防动顶卡瓦和承重卡瓦,转移载荷至固定防顶卡瓦并确保卡紧	管柱在防顶卡瓦上滑动	将管柱载荷转移到固定卡瓦内并卡紧	带压作业人员	C64
4. 缓慢平衡防喷器组内压力,观察下压力表。手动解锁并打开全封闭板、松开吊绳,并下放油管挂进入油管头,确认标记位置和坐入位置对应,液缸下压油管挂并上紧顶丝。轻微上提油管挂并上紧顶丝到位。 注:确保液缸车安装并正确使用(控制下放速度);压力测试过程中防顶卡瓦必须处于关闭状态	1. 油管弯曲或拉伸; 2. 损坏吊绳; 3. 损伤油管挂或顶丝	1. 上提油管或油管总量增加时,要注意观察表的读数变化; 2. 管柱移动前取下吊绳; 3. 抓牢联顶节,并紧好顶丝,务必确保顶节上的标记位置与坐入位置对应;调节好举升机压力,使其大于井口压力的上顶压力	带压作业人员	A110

第七章 带压作业安全风险分析

续表

作业步骤	潜在危害	防控措施	涉及岗位	危险等级
5. 关闭套管阀，缓慢释放油管挂上部分压力，关闭泄压阀，观察一段时间，如果压力稳定，则泄掉油管挂上的剩余压力	1. 油管挂渗漏或密封破坏；2. 地面管线带压	1. 利用好控制面板的压力计泄压；2. 确保现场人员对平衡管线和泄压管线认知清楚	带压作业人员	A110
6. 开始对防喷器进行试压。一旦完成试压，用井内压力平衡油管挂上部压力，用液压下压联顶节，上提联顶节，钉丝退出到位，直到钢油管挂进入工作防喷器闸板腔内	1. 油管弯曲；2. 损坏顶丝或油管挂	1. 保证油管挂上下端压力平衡；2. 测量顶丝退出到位	带压作业人员	A110
7. 关闭半封手动锁紧全封闸板，缓慢释放压力，同时观察下压力表。一旦压力释放完毕，打开环形防喷器，用吊绳吊起联顶节，并打开防顶卡瓦，吊下油管挂及管柱并放倒，开始下一步操作	1. 损坏油管挂、油管或全封闸板；2. 圈闭压力伤人	1. 保证油管挂于全封闸板以上；2. 泄压或油管意外移动时，注意观察带压作业设备上的压力表	带压作业人员	B80

安全设备和个人防护用品的要求				
橡胶手套	□	喇叭	□	
皮手套	×	诺梅克斯FRC工作服	□	
氯丁橡胶FRC雨衣	□	护目镜	□	
工作许可	□	面罩	×	
化工围裙	□	呼吸器	□	
能源锁定	□	安全玻璃	□	
		减震系索	×	
		风向标	□	
		全身式安全带	×	
		钢趾保护安全靴	□	
		脚手架	□	
		安全帽	×	

暴露于危险环境中的频繁程度		事故后果的严重程度		事故发生的可能性	
连续出现	5	死亡—慢性健康影响	5	极高	5
每天	4	终身残疾—严重	4	高	4
每周一次	3	损失工时事故	3	中	3
每月一次	2	医疗救助受伤	2	低	2
每年一次	1	轻伤	1	极低	1
无	0	无	0	不可能发生	0

风险值 = 暴露率 × 严重程度 × 可能性

关键工作任务 "A" 101~125	高风险作业任务 "B" 75~100	中等风险作业任务 "C" 50~74	低风险作业任务 "D" 0~49

表 7-7 起油管挂工作安全分析

作业步骤	潜在危害	防控措施	涉及岗位	危险等级
带压作业设备安装到位并进行压力测试				
1. 联顶节上安装旋塞阀，吊装联顶节上带压作业设备，送入全封闸板上，打开全封闸板，继续下至油管挂时，上紧扣，略微上提联顶节，验证连接到位。注：记录联顶节上扣圈数，确保螺纹正确连接，略微上提联顶节，做好标记。	1. 夹伤；2. 吊卡未扣合，接头滑脱、遮挡；3. 撞击，损坏全封闸板，工具门或油嘴；4. 存在圈闭压力，硫化氢泄漏、冻结；5. 错扣，未正确地拧紧，钳牙落入油管或防喷器掉落，油管位置标记错误，油管的位置	1. 检查并清洁管钳，切忌将手指放到液压钳内；2. 吊卡上装安全销；3. 保证作业人员头脑清醒并善于沟通，指派专人执行安全控制；4. 测量到全封闸板检查的距离，下放速度缓慢；5. 清场，解冻，戴上防毒面具，熄灭火源；6. 用手引扣，按规定扭矩紧扣，开全封闸板前检查，清点所有钳牙和工具	井场所有人员	D4
			井场所有人员	C64
2. 关闭环形防喷器和移动防顶卡瓦，下压油管挂，打开奎管阀门，平衡压力至防喷器内，松开油管丝。注：上提油管挂时使平衡阀处于打开状态	1. 损坏冷冻设备；2. 夹伤、卡瓦脱落；3. 油管弯曲，损坏油管；4. 气体泄漏，硫化氢泄漏；5. 顶丝及密封件损坏	1. 开关多次，如果温度低，则利用蒸汽加热；2. 举升机上无杂物，根据下压用力的大小调节液缸压力；3. 在举升机进行首次压力测试的同时测试压管线，穿戴好个人防护用品，作业人员相互协作，指派专人执行安全控制；4. 活动开关环形防喷器，平衡压力时要缓慢，在低压和高压时都要检查是否有泄漏；5. 顶丝松到位，并测量长度	带压作业人员	B80

168

第七章 带压作业安全风险分析

续表

作业步骤	潜在危害	防控措施	涉及岗位	危险等级
3. 打开移动顶卡瓦，关闭移动承重卡瓦，用游车（辅助式）或液缸（独立式）上提悬挂器，使悬挂器位于环形防喷器以下的升高法兰短节内，关闭移动防顶卡瓦，关工作闸板，释放工作闸板以上的压力，打开环形防喷器，上提油管挂至环形防喷器，关闭环形防喷器，平衡下工作闸板和环形防喷器的压力，打开下工作闸板	1. 夹伤；2. 油管拉断；3. 油管挂位置有误；4. 油管挂在防喷器内密封导致上下压力不平衡；5. 测试设备回压；6. 油管挂或油管损坏	1. 保持卡瓦清洁；2. 观察油管是否移动，管柱重量是否有变化；3. 测量油管挂位置；4. 关闭移动防顶卡瓦以及下压力变化，监测管柱重量以及下压力变化，防止泄压管线上安装单流阀，防止气体通过泄压管线回流；6. 在起油管前，确保油管挂和闸板位置适当	带压作业人员	B80
4. 起出并拆卸油管挂，并吊开油管挂，进入下步作业	1. 损坏卡瓦或油管挂；2. 损坏油管；3. 滑倒；4. 油管掉落	1. 经过卡瓦慢慢上提油管挂，必要情况下拆掉卡瓦板牙，调节好位置；2. 关闭油卡时，确保管钳居中；3. 选择使用的管钳，穿戴个人防护用品；4. 吊出油管挂时的套车	带压作业人员	B80

安全设备和个人防护用品的要求								
橡胶手套	□	喇叭	□	减震索索	×	事故后果的严重程度	事故发生的可能性	
皮手套	×	诺梅克斯Ⅲ工作服	□	风向标	□	5 死亡—慢性健康影响	5 连续出现	极高
氯丁橡胶FRC雨衣	□	护目镜	□	全身式安全带	×	4 终身残疾—严重	4 每天	高
工作许可	□	面罩	□	钢趾保护安全靴	×	3 损失工时事故	3 每周一次	中
化工围裙	□	呼吸器	□	脚手架	□	2 医疗救助受伤	2 每月一次	低
能源锁定	□	安全玻璃	×	安全帽	□	1 轻伤	1 每年一次	极低
						0 无	0 无	不可能发生

风险值＝暴露率×严重程度×可能性

关键工作任务 "A" 101～125　　高风险作业任务 "B" 75～100　　中等风险作业任务 "C" 50～74　　低风险作业任务 "D" 0～49

表 7-8 油管堵塞器泄漏工作安全分析

作业步骤	潜在危害	防控措施	涉及岗位	危险等级
1. 油管堵塞器为不压井作业的关键部分，坐封或取出必须小心，每次坐封堵塞器后，必须检查是否渗漏	1. 堵塞器脱落； 2. 井筒气体或液体通过管柱流到地面	1. 必须遵守堵塞器坐封程序； 2. 确保取出堵塞器试压合格； 3. 确保操作人员明白在带压作业期间堵塞器失效时各自的职责	井场所有人员	B80
2. 堵塞器入井前在地面应进行试压。堵塞器开始承受井筒压力之前，堵塞器管柱上部应有一个处于开启位的旋塞阀	1. 堵塞器脱落； 2. 井筒气体或液体通过管柱流到地面	1. 堵塞器安装在管柱或 BHA 前，必须试压合格； 2. 堵塞器第一次承受井筒压力之前，管柱上部应有一个处于开启位的旋塞阀； 3. 确保操作人员明白在带压作业期间堵塞器失效时各自的职责	井场所有人员	B80
3. 带压起管柱时，坐封堵塞器后，必须泄掉管柱内压力并监测一段时间，确保堵塞器完好。 注：如果管柱内有液体，要留足够的时间让气体脱离出来，并判断堵塞器是否完好	1. 堵塞器脱落； 2. 井筒气体或液体通过管柱到地面	1. 当测试堵塞器时，应有足够的时间来判断堵塞器完好性； 2. 确保断堵塞器完好； 3. 确保操作人员明白在带压作业期间堵塞器失效时各自的职责	井场所有人员	B80
4. 带压起下作业时，如果发现管内气体泄漏，必须立即安装旋塞阀，同时监测管内压力，判断堵塞器完好性。 注：用旋塞阀下人或堵塞器完好性。泄漏情况和位置决定，并立即向负责人汇报。如果不能确定堵塞器完好性，必须安装钢丝作业设备，起出失效的堵塞器可以直接再下人一个堵塞器。起出堵塞器之间的堵塞器可以重新装配再下人。当两个堵塞器它们之间的圈闭压力，必须特别注意带压开孔泄压，管柱内有砂子或不清洁时，可以泵入液体或氮气清洁管柱或使用工作简刷子清理	1. 堵塞器脱落； 2. 井筒气体或液体通过管柱到地面； 3. 重物下作业； 4. 堵塞器之间闭圈高压伤害	1. 旋塞阀试压合格，存在位置便于应急使用，连接时用管钳紧固； 2. 遵循钢丝作业技术要求，并确保管内干净； 3. 遵循带压钻孔技术要求； 4. 堵塞器之前确保管柱坐放短节内干用； 5. 确保安全会已经举行并有记录，所有的操作人员明白在带压作业期间堵塞器失效时各自的职责	井场所有人员	B80

第七章 带压作业安全风险分析

续表

作业步骤	潜在危害	防控措施	涉及岗位	危险等级
5. 有多种原因导致管内泄漏，而不是堵塞器泄漏，如螺纹泄漏、油管挂密封泄漏、封隔器丢手密封泄漏、滑套泄漏等。如果不能确定泄漏情况，需立即汇报	1. 堵塞器脱落； 2. 井筒气体或液体通过管柱到地面	熟悉所有井下工具以及油管堵塞器的位置	井场所有人员	B80
6. 在不含硫井眼和井底压力小于30MPa时，可以只有一个屏障（一个堵塞器和止滑器）。对H_2S浓度大于150mg/m³或井底压力超过30MPa的不含硫井眼，要求采用双屏障			井场所有人员	B80

安全设备和个人防护用品的要求

☐ 橡胶手套	☐ 喇叭	☐ 减震系索	
✕ 皮手套	✕ 诺梅克斯Ⅲ工作服	☐ 风向标	
☐ 氯丁橡胶FRC雨衣	✕ 护目镜	☐ 全身式安全带	
☐ 工作许可	☐ 面罩	✕ 钢趾保护安全靴	
☐ 化工围裙	☐ 呼吸器	☐ 脚手架	
☐ 能源锁定	✕ 安全玻璃	☐ 安全帽	

暴露于危险环境中的频繁程度

5	连续出现
4	每天
3	每周一次
2	每月一次
1	每年一次
0	无

事故后果的严重程度

5	死亡一慢性健康影响
4	终身残疾一严重
3	损失工时事故
2	医疗救助受伤
1	轻伤
0	无

事故发生的可能性

5	极高
4	高
3	中
2	低
1	极低
0	不可能发生

风险值＝暴露率×严重程度×可能性

关键工作任务 "A" 101～125	高风险作业任务 "B" 75～100	中等风险作业任务 "C" 50～74	低风险作业任务 "D" 0～49

171

表7-9 含硫化氢井作业工作安全分析

作业步骤	潜在危害	防控措施	涉及岗位	危险等级
1. 管理人员与操作人员一起，辨识下步工作尽可能多的危害，并按照程序进行施工： a. 氮气塞； b. 双重屏障； c. 剪切闸板；	物理的和化学的未知风险	1. 氮气塞、双重屏障、剪切闸板，H$_2$S控制； 2. 作业经理、HSE经理确保所有的危害已识别和控制措施已到位； 3. 去工作现场之前，在办公室与现场监督、操作员和助理操作员讨论工作参数和危害因素； 4. 审查所有相关的工作任务，并确保带压作业人员熟悉所有核心程序	带压作业人员 作业经理 HSE经理	D5
2. 现场所有人员一起召开岗前安全会议，并制定逃生路线及紧急集合点位置，应急救援人员的职责，包括人员在操作台中毒的应急措施；所有作业人员的职责必须完全清晰，检查空气呼吸器，并对H$_2$S浓度进行测量及检测。 注：必须知道H$_2$S的浓度和级别；应有H$_2$S救护物资及使用空气呼吸进行安全指导，确保所有人员会使用空气呼吸器并知道摆放位置，确保所有作业人员明确逃生路线和紧急集合点；每项作业通知晓及作业人员位置	1. 紧急情况下摔倒； 2. H$_2$S泄漏； 3. 新增风险	1. 确保逃生路线及紧急集合点没有绊倒的危险； 2. 确保操作台逃生着陆点没有障碍； 3. 现场配备充足的空气呼吸器； 4. 现场的所有员工必须持有H$_2$S有效证件； 5. 现场呼吸设备检验合格； 6. 检查现场逃生路线及紧急集合点； 7. 安装风向标、防爆风扇； 8. 配备气体监测仪； 9. 若工作程序发生变化，现场人员全部一起重新辨识风险及确定控制措施	现场所有人员	D10

172

第七章　带压作业安全风险分析

续表

作业步骤	潜在危害	防控措施	涉及岗位	危险等级
3. 所有在带压作业设备上操作的人员必须使用全身式救援带；会使用逃生装置逃生	滑倒的危险（爬楼梯到作业机平台）	带压作业必须保证有两条逃生路线	带压作业人员	A100
4. 试压：在作业前，所有承压设备必须使用低黏度的非易燃液体或氮气进行试压。低压试压1.4MPa必须稳压5min，高压试压必须稳压10min（试压至少达到1.1倍的最大井底压力或最大井口工作压力）。注：绝不能直接用含H_2S气体或含H_2S的液体试压	1. 高压伤害； 2. 爆炸； 3. H_2S泄漏； 4. 化学物质泄漏	1. 作业前风险评估：审查与讨论所有带压目有泄漏风险的井口组件和连接部分（配件、接头、油管连接等）； 2. 确保所有的火源远离井控组件（使用黄铜锤等）； 3. 配备防火工作服； 4. 配备紧急熄火装置； 5. 配备安全护目镜、手套等； 6. 配备空气呼吸器； 7. 配备气体监测仪； 8. 风向标位置合理	带压作业人员 井队人员	A100
5. 平衡泄压管线试压：所有平衡泄压管线都必须经过试压，试压前捆好保险绳，与防喷器试压一样。注：避免使用活动弯头，因这种弯头的密封件可能冻结，引起井口或其附近H_2S泄漏	1. 高压伤害； 2. 爆炸； 3. H_2S泄漏； 4. 化学物质泄漏	1. 作业前风险评估：审查与讨论所有带压目有泄漏风险的井口组件和连接部分（配件、接头、油管连接等）； 2. 确保所有的火源远离井控组件（使用黄铜锤等）； 3. 配备防火工作服； 4. 配备紧急熄火装置； 5. 配备安全护目镜、手套等； 6. 配备空气呼吸器； 7. 配备气体监测仪	带压作业人员 井队人员	A100

173

续表

作业步骤	潜在危害	防控措施	涉及岗位	危险等级
6. 泄压管线必须连接到分离器或燃烧池。与分离器连接时，必须安装背压阀，避免泄压后从分离器回流到井口	1. 泄压处高压伤害； 2. 爆炸； 3. H_2S 泄漏； 4. 气体回流到防喷器组	1. 作业前风险评估：审查与讨论所有带压目有泄漏风险的井口组件和连接部分（配件、接头、油管连接等）； 2. 确保所有的火源远离井控组件（使用时有黄铜锤等）； 3. 配备防火工作服； 4. 配备紧急熄火装置； 5. 配备风向标位置合理； 6. 配备空气呼吸器； 7. 配备气体监测仪； 8. 配备背压阀（泄压到分离器或燃烧池）	带压作业人员 井队人员	B75
7. 设备安装，试压完成后，允许井筒流体进入防喷器组。在更换胶芯、起下工具或油管挂（包括打开环形防喷器）时必须佩戴空气呼吸器，气体监测仪监测到下空气安全环境时，才可以取下空气呼吸器。 注：在打开侧门更换闸板时，可用清水或氮气吹扫防喷器组	H_2S 泄漏	1. 配备并使用空气呼吸器（便携式和固定式气体监测仪）； 2. 采用气体监测仪； 3. 风向标位置合理； 4. 检测空气中 H_2S 含量； 5. 采用双屏障	作业现场所有人员	A125
8. 带压作业机工作防喷器打开或整体性破坏（闸板前端变化、重新坐封闸板等）时，必须关闭井锁紧安全半封闸板，关闭安全防喷器的环形胶芯对油管为一个补充，套管阀门处于关闭状态以隔离平衡管线	1. H_2S 泄漏； 2. 井喷	1. 配备并使用空气呼吸器； 2. 采用气体监测仪（便携式和固定式气体监测仪）； 3. 风向标位置合理； 4. 检测空气中 H_2S 含量； 5. 采用双屏障	带压作业人员 井队人员	B75

第七章 带压作业安全风险分析

续表

作业步骤	潜在危害	防控措施	涉及岗位	危险等级
9.暂停作业期间：当停井等1h以上时，必须使用双重屏障以确保井眼安全。 方案一：若井眼内有管柱，坐油管挂，卸掉套管阀，关闭套油管挂上面顶节上旋塞阀，关闭并锁定工作闸板、安全闸板及联顶节上的承重卡瓦和防顶卡瓦。 注：如果考虑油管挂密封问题，或施加在油管挂上的上顶力极大，最好将压力圈闭在油管挂和最下面半封闭板防喷器之间。 方案二：若井眼内无管柱，有两个选项，随后遵照方案一的步骤，此外，锁定所有卡瓦。 选项1：带井下人油管柱，关闭套管阀和放掉全封闭板所有井压力；下放联顶节（旋塞阀处于关闭状态）至全封闭板上1m位置，关上并锁定联顶节上的重卡瓦和防顶卡瓦。 选项2：确保选项2使用的管柱类型满足关闭闸板防喷器的尺寸要求。如果不满足，使用选项1，坐油管挂	1. H_2S 泄漏； 2. 井喷	1. 配备并使用空气呼吸器； 2. 采用气体监测仪（便携式和固定式气体监测仪）； 3. 风向标位置合理； 4. 检测空气中 H_2S 含量； 5. 采用双屏障	带压作业人员 井队人员	B75
10.旋塞阀：至少有两个全通径旋塞阀现场，配套合适的转换接头。旋塞阀应在压力测试、号防器试压方式相同。带压作业机工作平台上应放一个旋塞阀和配套扳手，旋塞阀处于打开状态，另一个旋塞阀可反扣接头随时备用。安装在防喷单根底部，放到随手可及到的上风位置。 注：作业前安全会议上必须讨论应急对扣接头的使用和作业机平台各岗位职责和工作任务的所有人员必须了解各自岗位职责和工作任务	1. H_2S 泄漏； 2. 设备损坏； 3. 眼部、腰部、脚部等受伤	1. 配备并使用空气呼吸器； 2. 采用气体监测仪（便携式和固定式气体监测仪）； 3. 风向标位置合理； 4. 检测空气中 H_2S 含量； 5. 采用双屏障； 6. 两人配合操作； 7. 戴护目镜； 8. 穿防砸鞋	带压作业人员	A125

续表

作业步骤	潜在危害	防控措施	涉及岗位	危险等级
11. 双屏障：油管堵塞应遵循双屏障原则，两个堵塞器需很接近，防止出现单堵塞器存在的情况。如果只安装一个堵塞器，应在堵塞器上增加止滑器	H_2S 泄漏	作业前应明确堵塞器的合适位置	带压作业人员 测井人员 井队人员	A125
12. 残留的 H_2S：从井内起出的管柱内有残留的 H_2S，应加入碱性流体（如除硫剂等）中和油管内 H_2S 气体（氨溶液中和液态内的 H_2S）。作业人员必须穿戴空气呼吸器，避免过度处于残余氨水和 H_2S 环境中。 注：高浓度的氨气会永久地损伤你的眼睛和肺，因此混合时要戴空气呼吸器和防护服	1. H_2S 泄漏； 2. 氨泄漏； 3. 眼睛及肺部损伤	1. 配备空气呼吸器； 2. 配备气体监测仪； 3. 风向标位置合理； 4. 检测空气中 H_2S 含量； 5. 配备护目镜	带压作业人员	A100
13. 工作后的维护：包括防喷器、闸板体、平衡/泄压管线、阀件等都要清洗、保养、闸板前密封，顶密封都应更换，用于 H_2S 环境的设备，作业后必须进行维护保养	1. 高水压导致皮肤刺伤，溅入眼睛； 2. 地面湿滑导致滑倒； 3. 化学伤害	1. 配备护目镜及工作服； 2. 熟悉化学品安全技术说明； 3. 场地保持清洁； 4. 移动设备时人员站稳	带压作业人员	C50

第七章 带压作业安全风险分析

续表

作业步骤	潜在危害	防控措施	涉及岗位	危险等级
14. 氢应力腐蚀开裂：当钢铁与溶于水的H_2S或H_2S气体接触后形成硫化铁变黑（在高浓度H_2S环境中作业后，闸板本体上能看到这种颜色）。硫化铁附着在金属表面形成涂层，氢原子积存在涂层里迁移到即形成缝隙里。当两个原子相遇，它们立即形成氢分子，其大小是原子的32倍，这些爆炸体积膨胀分离原始应力裂纹处的钢铁，这可能会导致严重的点蚀和金属破坏和最终破部件失效。在管柱上，如果锤击作用处或刨卡瓦痕处产生压力，原始印痕周围会出现凹坑状，这可能会造成金属腐蚀穿孔，最终导致管柱的破断	H_2S导致设备故障	1. 设备用于H_2S环境，必须进行全面检查； 2. 进行设备清洗和外观检查； 3. 由专业人员检查带压作业设备及部件，井控设备	带压作业经理 HSE经理 车间主任	D12

安全设备和个人防护用品的要求						暴露于危险环境中的频繁程度		事故后果的严重程度		事故发生的可能性	
橡胶手套	×	减震系索	×	5	连续出现	5	死亡	5	极高
皮手套	×	风向标	×	4	每天	4	慢性健康影响—严重	4	高
氯丁橡胶FRC雨衣	□	全身式安全带	×	3	每周一次	3	终身残疾—严重事故	3	中
诺梅克斯Ⅲ工作服		钢趾保护安全靴	×	2	每月一次	2	损失工时事故	2	低
护目镜	×	脚手架	×	1	每年一次	1	医疗救助受伤	1	极低
工作许可	×	安全帽	×	0	无	0	轻伤	0	不可能发生
面罩	×						无		
呼吸器	×								
化工围裙	×								
安全玻璃	×								
能源锁定	×								

风险值＝暴露率×严重程度×可能性

关键工作任务	高风险作业任务	中等风险作业任务	低风险作业任务
"A" 101~125	"B" 75~100	"C" 50~74	"D" 0~49

本章知识要点

(1) 工艺安全分析的定义。
(2) 常用的工艺安全分析方法。
(3) 工作安全分析的步骤。
(4) 带压作业风险评价方法及分级。

思考题

(1) 工艺安全分析方法中的故障假设法是如何分析的?
(2) 如何进行带压打捞作业安全分析?
(3) 如何进行带压冲砂作业安全分析?

第八章 带压作业应急响应计划

带压作业是一项高风险性作业，高风险是源于其发生险情后反应时间短、危害大、难于控制的特点。有效的风险识别和科学的应急响应是确保带压作业安全施工和发展的根本保障。风险控制包含两个方面的内容：风险预防和应急响应（风险发生后的处置），其中风险预防是带压作业中的关键。

带压作业过程危害程度最大、最关键的风险事件主要有油管内压力控制工具失效、环空密封失效、卡瓦失效、动力源失效、管柱失稳、硫化氢泄漏等，其相应的预防措施和控制应急处置程序是带压作业过程风险控制关键，在现场中，推荐使用"疑似失效关井检查，发现失效立即关井"的做法。

第一节 油管内压力控制工具失效

带压作业油管内压力控制是通过投放或安装管柱堵塞工具来实现的，压力控制工具常简称为堵塞器，常见管柱堵塞器有：电缆桥塞、钢丝桥塞、单流阀、破裂盘、盲堵等。在实际使用过程中，因其使用前未检测、未按规定使用、坐封工艺措施不当、井下情况复杂、操作不当等原因，导致出现管柱内压力控制工具无法达到密封或完全失去效力的情况。如何进行预防、控制以及发生堵塞工具失效后的应急处置，是带压作业风险管控的重要内容。

一、管柱内压力控制工具失效的原因

1. 使用前未检测、未按规定使用

油管内压力控制工具种类较多，还未形成统一的行业标准。根据作业区块自身特点量身研制的产品，不同的生产厂家，不同的结构及坐封方式，如

果未严格进行检测及未按规定使用，极易发生堵塞工具失去密封效果、密封不良甚至完全失效的情况，从而增加带压作业风险。

（1）使用未检验或检验不合格的堵塞器，导致在作业过程中堵塞器功能异常而失效。

（2）入井前未检查堵塞器外观以及测量相应尺寸并校核，出现实际尺寸大于或小于设计尺寸。

（3）地面堵塞工具入井前或井下堵塞工具坐封后未按规定试压检验。

（4）密封元件失效，如温度不合适、介质不匹配。含硫井未使用抗硫密封橡胶，含盐量高的井未使用抗盐及抗酸碱的堵塞工具。

（5）堵塞器工具承压能力过低。

2. 坐封工艺措施不当

（1）未按技术措施选用合理堵塞工具。

（2）油管内壁结垢或腐蚀严重造成堵塞器锚定不牢固。

（3）未按标准执行双屏障堵塞方式。

3. 井下情况复杂

随着带压作业方式不断扩展，由单一下完井管柱，扩展至带压打捞作业、带压钻磨、带压冲砂等多项带压修井作业，不同作业井况也就考验油管内压力控制工具的密封效果，常见复杂井况有以下几种：

（1）井筒内管柱穿孔、腐蚀或断落。

（2）井筒内管柱结构复杂，带有多种工具串，堵塞工具坐封困难。

（3）井筒内沉砂超过设计要求。井内沉砂是由在前期生产过程中出现地层砂或压裂砂进入井筒，致使砂面升高，作业前未进行测量或条件限制无法测量，对砂面具体位置不清楚等多方面原因所致。

4. 操作不当

（1）先期入井堵塞器连接过程操作不当，造成堵塞工具轻微损伤。

（2）送入式坐封工具未按规程操作，坐封未完全到位，导致脱落。

（3）内防喷工具受较大冲击（井口落物、井下介质冲击、起下震动过大等）。

（4）坐封位置发生变动而未准确判断出坐封位置。坐封位置发生变动，往往发生在钢丝桥塞等移动性强的坐封工具，通常指锚定不牢固，堵塞工具在管柱内发生位置移动，造成提前起出并卸开堵塞器所在管柱，发生失效。

(5) 入井管柱未按规定扭矩上扣，螺纹未清洗干净，错扣，致使管柱螺纹泄漏。

二、油管内压力控制工具失效后的应急程序

1. 发信号

操作手判断油管内压力控制工具失去控制功能，油、气、水从管柱内喷出，应立即按下声光报警装置，时间达到15s以上，警示参与带压施工的相关人员当前出现紧急状况，需立即进入应急响应状态。

2. 泄压，同时调整液缸至适当位置

地面通过套管闸阀对井筒进行紧急泄压，其目的是减轻抢装全通径旋塞阀的难度；调整液缸至适当位置是便于操作平台的作业人员抢装全通径旋塞阀。

3. 抢装全通径旋塞

抢装全通径旋塞阀、压力表等，上紧螺纹并关闭旋塞阀。全通径旋塞阀便于下步下油管内压力控制工具，调整油管柱位置，使工作防喷器闸板或安全防喷器闸板关闭位置避开油管接箍。如果不具备抢装条件时，人员应紧急撤离操作台。

4. 关卡瓦组

轻管柱作业时应根据当时作业工况，关闭一组防顶卡瓦，如正在下管柱期间，此时移动防顶卡瓦处于关闭状态，就在液缸位置调整合适后关闭固定防顶卡瓦；在中和点附近作业时，由于内堵塞失效，有效横截面积减小，油管受到的上顶力减小，油管自重大于上顶力，管柱瞬间转换为重管柱状态，因此，应立即关闭一组承重卡瓦。

5. 关防喷器

根据管柱接箍位置，关相应工作闸板防喷器，再关安全闸板防喷器，保证环空有两级及以上的机械屏障，需要注意避免闸板夹到管柱接箍位置，然后释放防喷器组内压力，确保环形空间密封可靠。

6. 应急集合点集合

在集合点主要清点人数、检查人员受伤情况，判断、讨论险情程度，确定应急措施。

三、油管内压力控制工具失效的预防措施

由于作业井型、压力和堵塞器坐封方式存在差异，避免失效的措施各不相同。有针对性的制订预防油管内压力控制工具失效措施，是降低带压作业风险的有效保障。

1. 不按规范使用堵塞器的预防措施

（1）严把产品质量关，入井堵塞工具有合格证明、产品序列号，使用产品可追溯，严格执行使用工具的操作程序及相应技术规程。

终端用户选用的材料满足油、气、水井使用环境要求，接受制造商建议，具有制造商提供的产品合格证。

（2）入井前仔细检查卡瓦、胶筒以及各连接部位完整性。

对于使用的新产品，入井前仔细测量刚体、胶筒外径，检查各连接部件无异常，如盲堵、破裂盘、桥塞、单流阀。组装重复使用的产品，组装后检查、测量数据与原始产品数据校核无误，各连接部位可靠。

（3）按照相应堵塞工具要求，对入井堵塞工具进行严格的试压检验。

地面安装的油管内压力控制工具，下井前应从油管内压力控制工具底部进行试压，试压压力为井底压力的1.2倍。电缆、钢丝等输送坐封工具坐封后，放掉油管内压力，观察30min以上，油管压力为零，油管封堵合格；对于高压油、气、水井封堵观察时间应大于换装井口时间。

（4）堵塞工具的密封元件适用介质必须与作业井介质相符。

地层水含盐量高的井必须使用抗盐性强的胶筒，含硫井必须使用抗硫胶筒。

（5）选用堵塞器的抗压等级满足井压要求。

选取原则按堵塞器抗压力大于作业井底压力的1.1倍以上。

2. 工艺措施不当的预防措施

（1）合理选用满足工艺技术措施要求的堵塞器。

井下管柱带有预置工作筒且完好的情况下，优先选取与工作筒匹配的堵塞器；井下管柱无预置工作筒，优先选取钢丝桥塞或电缆桥塞；工作管柱宜选取单流阀等油管内压力控制工具；完井管柱宜选用尾管堵塞器或可捞式堵塞器。

（2）管柱内壁结垢或腐蚀严重，采用通刮、电测方法清理和检验管柱内

第八章　带压作业应急响应计划

壁完整性。

用小于油管内径 2~4mm、长度不小于堵塞器长度的油管规通井内管柱，验证管柱通径；通井如达不到预定深度或管柱内有砂子、蜡、结垢的井，用钢丝（连续油管）带刮削器对油管进行除垢（蜡）或冲洗作业，直至油管通径及深度符合油管堵塞器的下入深度及坐封要求；天然气井油管堵塞后，应向油管内灌入一定量的清水。

（3）参照第三章第一节要求设置相应数量的油管内压力控制工具。

井下管柱带有坐放接头且完好的情况下，优先选取与坐放接头匹配的堵塞器。井下管柱无坐放接头或者共同失效时，优先选取钢丝桥塞或电缆桥塞。

3. 井况复杂的预防措施

（1）腐蚀严重或穿孔的管柱，在坐封油管内压力控制工具前，电测或桥塞检验管柱腐蚀情况或准确判断穿孔位置，不具备坐封条件的井应放弃带压作业。能准确判断穿孔位置，在穿孔点上下各下入一个电缆桥塞且试压合格，起至井口时，需验证下部堵塞器是否移位造成堵塞失效。

（2）对于多工具串管柱的入井或起出，入井管柱可在底部安装双屏障堵塞器；起多工具串管柱时，要满足油管内压力控制工具下入管柱底部的要求，或采用液体胶塞、冷冻塞达到油管内压力控制工具要求。

（3）沉砂使堵塞器破损失效的预防。具备条件时应提前探得砂面深度，如使用试井车、连续油管等。管柱结构尽量采用筛管+盲堵+破裂盘，或者破裂盘应连接在最下面一根油管的上部，预留一定管柱深度。

4. 操作不当的预防措施

（1）控制好起、下速度，平稳操作，在井斜度较大位置严格控制速度。

（2）钢丝、电缆、泵送、投入等坐封堵塞器作业严格执行相应产品技术操作规程。

（3）检查好井口工具，通井规等工具由专人负责，严禁物体落入油管内。

（4）使用钢丝、电缆或泵送桥塞坐封后，因管柱震动，造成堵塞器位置发生变化，堵塞器失效。

① 向管柱内注入定量液体，发现液体后可判断堵塞器位置；

② 使用示踪器判断堵塞器位置，即向管柱内投入一根质量较轻、长度大于单根管柱长度的示踪杆，当看到示踪杆时可预知堵塞器位置。

（5）清洗干净入井管柱螺纹，仔细检查螺纹；清洗干净管柱内壁；上扣扭矩达到相应规格管柱扭矩值；上扣时液压钳背钳与转动钳应咬合管柱本体。

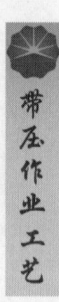

第二节 环空密封失效

带压作业环空密封失效即指管柱外与井眼之间的环形空间密封装置失效,通常表现为环形防喷器密封失效和工作闸板防喷器密封失效。其失效往往是因为密封装置和控制系统失去效力。

一、环空密封失效的原因

1. 密封件失效

密封装置是指带压作业过程中使用的环形防喷器胶芯总成和闸板防喷器胶芯总成。

(1) 环形胶芯、闸板胶芯质量不满足作业要求,过快损坏,造成密封失效。

(2) 闸板芯子总成密封不严。

(3) 闸板轴、侧门密封装置失效。

2. 控制系统失效

(1) 动力源失效,不能及时补充液压油。

(2) 控制液压管线渗漏、爆管、脱落等造成控制油压不能进入防喷器关闭系统。

(3) 未及时调整控制压力,致使控制压力不能满足密封要求。

3. 操作原因造成失效

管柱接箍位置判断不准,闸板关闭在管柱接箍位置。

4. 其他原因造成失效

(1) 因管柱外表面腐蚀严重,出现长槽段腐蚀。

(2) 产生水合物,使封井器关闭不严。

二、环空密封失效后的应急程序

1. 发信号

操作手判断管柱环空失去控制,油、气、水从管柱外环空喷出,应立即按下声光报警装置，时间达到 15s 以上，警示参与带压施工的相关人员当前出现紧急状况，需立即进入应急响应状态。

2. 关防喷器

（1）环形胶芯密封失效，关下工作闸板防喷器或调高环形防喷器关闭压力。

（2）上工作闸板防喷器失效，关下工作闸板防喷器。

（3）下工作闸板防喷器失效，关上工作闸板防喷器。

3. 调整液缸至适当位置

调整液缸至便于装旋塞阀的适当位置，使油管接箍避开工作防喷器闸板或安全防喷器闸板，同时有利于安装回压阀或旋塞阀。

4. 关安全闸板防喷器

一旦工作防喷器密封失效，应及时更换密封胶芯。如果是环形胶芯密封失效或上工作闸板防喷器失效，应关闭安全闸板防喷器，释放安全防喷器以上压力，再关闭下工作闸板防喷器，然后组织更换；如果是下工作闸板密封失效，应关闭安全防喷器组，释放安全防喷器以上压力，然后组织更换。

5. 关相应卡瓦

轻管柱作业关闭一组防顶卡瓦；中和点作业时关闭一组防顶卡瓦、承重卡瓦；重管柱作业关闭一组承重卡瓦。

6. 装旋塞阀，关闭旋塞阀

抢装全通径旋塞阀、压力表等，上紧螺纹并关闭旋塞阀。

7. 应急集合点清点人员

在集合点主要清点人数、检查人员受伤情况，判断、讨论险情程度，确定应急措施。

三、环空密封失效的预防措施

1. 密封件失效的预防措施

（1）带压作业胶芯必须采用耐压值高、抗酸碱能力强、使用寿命长、与井内介质相符的橡胶件。

（2）定期试压检测，发现闸板总成磨损或密封件损坏及时更换。

（3）闸板轴和侧面密封位置加强检查，每井按设计要求试压合格。

2.控制系统失效的预防措施

（1）做好功能测试，在完成一个工作闸板防喷器、平衡/泄压旋塞阀开、关一次动作，或只关闭环形防喷器，观察10min后，蓄能器的压力至少保持在8.4MPa以上。

（2）控制液压管线定期试压，检测合格。

（3）环形防喷器、闸板防喷器控制压力根据使用时间及磨损情况，调试至3.5~8.4MPa（500~1200psi）。

3.操作不当的预防措施

主操作手应清楚井下管柱结构，对管柱接箍与闸板相对位置做到心中有数；也可采用接箍探测仪辅助判断。

4.其他原因造成失效的预防措施

（1）起老井油管时，应加强对管壁腐蚀情况的检查，发现外壁腐蚀严重，采用上下工作闸板倒换起管柱方式起出管柱。

（2）易产生水合物的井，对防喷器应进行保温或加入水合物抑制剂。

第三节 卡瓦失效

卡瓦失效其实质就是卡瓦抱不住管柱，造成管柱打滑，或操作失误使管柱失去控制，或管柱断落、下压挤毁瞬时改变卡瓦受力方向，管柱失去控制；管柱下顿或上窜，损坏设备，甚至管柱落井或飞出，造成施工井失控等重大井控风险以及人员伤亡事故。

一、卡瓦失效的原因

1.卡瓦装置原因

（1）卡瓦牙、卡瓦座、卡瓦碗磨损严重。

（2）卡瓦牙槽被填满。

（3）卡瓦总成超过使用期限。

2.控制系统原因

（1）动力装置未提供液压动力能。

第八章　带压作业应急响应计划

(2) 控制管线堵塞或脱落。
(3) 开闭卡瓦液缸功能失效。
(4) 开启或关闭压力调试过低。

3. 操作原因

(1) 操作速度过快或操作失误。
(2) 卡瓦夹持在管柱接箍位置。

4. 其他原因

(1) 卡瓦牙硬度与管柱钢级不匹配。
(2) 卡瓦牙方向装反。
(3) 冰雪致使卡瓦开关困难。

二、卡瓦失效的应急程序

1. 发信号

操作手判断卡瓦无法正常卡住管柱，出现管柱无控制上窜或下落现象，应立即按下声光报警装置，时间达到 15s 以上，警示参与带压施工的相关人员当前出现紧急状况，需立即进入应急响应状态。

2. 关闭卡瓦

主操作手迅速判断卡瓦失效是否得到控制，如未控制住，在判断油管接箍避开工作防喷器闸板关闭位置后立即果断关闭相应的工作防喷器。如情况紧急，可直接将所有卡瓦开关控制手柄推至关位。

3. 关防喷器

关闭工作闸板防喷器或关闭安全防喷器，使环空密封可靠。

4. 释放防喷器压力

释放安全防喷器以上压力，确保更换卡瓦时人员操作安全。

5. 装旋塞阀

抢装全通径旋塞阀、压力表等，上紧螺纹并关闭旋塞阀。

6. 应急集合点清点人员

在集合点主要清点人数、检查人员受伤情况，判断、讨论险情程度，确定应急措施。

三、卡瓦失效的预防措施

1. 卡瓦装置原因造成失效的预防措施

（1）加强卡瓦牙、卡瓦座、卡瓦碗使用情况检查，发现卡瓦牙出现较大磨损时进行更换。

如果卡瓦牙尖或槽磨亮，就需要更换卡瓦牙；如果卡瓦碗和卡瓦座接合处锥度磨损超过使用期，应更换；若卡瓦碗内的接触锥度磨损，应更换。

（2）在进行载荷转移操作过程中出现管柱打滑迹象时，应检查、清洗或更换卡瓦牙。

（3）设备运行中发现卡瓦打开或关闭迟缓现象，应停止运行并检查、分析。

2. 控制系统原因造成失效的预防措施

（1）操作手随时注意动力源、蓄能器、控制管线压力。

（2）确认各控制管线连接处无渗漏、脱落现象。

（3）作业一定时间应对卡瓦液缸进行功能试验。

（4）作业过程中控制压力应无较大波动。

3. 操作原因造成失效的预防措施

（1）操作人员精力集中，操作速度不应过快，卡瓦载荷转移确定后方能开启另一组卡瓦。

（2）操作人员清楚卡瓦与管柱接箍的相对位置，严禁卡瓦卡在管柱接箍上。

4. 其他原因造成失效的预防措施

（1）清楚卡瓦牙相应技术参数、使用范围，其硬度与管柱钢级匹配。

（2）安装卡瓦牙时，确保牙齿方向正确。

（3）冰雪天气作业时，及时清理卡瓦上的冰块。

第四节　动力源失效

动力源失效将会造成整个作业系统失去动力，危害是关不住井或管柱落井、飞出，会造成井喷等重大事故事件。虽然带压设备具有蓄能器等预防装置,但蓄能器液压油储量仅能满足短时间及关键作业需要,防止动力源失效才是根本。

一、动力源失效的原因

1. 动力系统的原因

(1) 柴油机突然停止运转。如柴油机缺油、缺水、气泵漏气、机械故障等原因致使动力设备突然停止运转。

(2) 液泵损坏。

(3) 液压油油量不足。

2. 控制系统的原因

(1) 控制管线磨损、脱落。

(2) 动力操作人员操作失误。

二、动力源失效的应急程序

1. 发出信号

操作手判断控制系统出现异常,无法正常进行控制操作或动力源突然熄火,应立即按下声光报警装置,时间达到15s以上,警示参与带压施工的相关人员当前出现紧急状况,需立即进入应急响应状态。

2. 调整管柱位置

在重管柱状态下,尽可能调整液缸(管柱接头)至适当位置(便于装旋塞阀),关承重卡瓦;在轻重管柱状态下,关防顶卡瓦。

3. 关防喷器

根据管柱外径和接箍位置,关闭相应工作防喷器和安全防喷器并锁定。

4. 装旋塞阀

抢装全通径旋塞阀、压力表等,上紧螺纹并关闭旋塞阀。

5. 撤离人员并分析查找原因

撤离操作台人员,判断、讨论险情程度,确定应急措施。

三、动力源失效的预防措施

1. 动力系统原因造成失效的预防措施

（1）加强柴油机运转情况检查：各运转部件压力、温度符合要求，及时清洗"三滤"（机油滤清器、柴油滤清器、空气滤清器）。

（2）确保液压油优质清洁，液压油运行温度适中，避免长期憋压、回油压力过高；检查清洗液压油滤子，安装时清理干净所有连接头；回油压力偏高时，应查找原因并排除；运行过程中使用液压油散热风扇，散热风扇应干净、散热有效。

（3）液压油箱内液面必须在规定油位范围内，避免因观察孔不清晰造成观察错误。

2. 控制系统原因造成失效的预防措施

（1）液压管线各接触部位均应采用橡胶板隔离，防止因摩擦造成管线损坏；快速接头连接管线避免受拉力过大脱落。

（2）动力操作手在倒换液泵等作业时，应先与主操作手沟通，双方确认后方可进行倒换操作。

第五节 管柱失稳

管柱落井或飞出是带压作业风险较大、发生时间过程最短、难以控制的一种情况。如何避免管柱落井和飞出的发生显得尤为重要。带压作业操作人员操作失误，错误打开带压作业设备的防顶卡瓦或承重卡瓦，中和点计算错误，卡瓦设备钝化等均可能导致管柱飞出或掉井事故。

一、管柱失稳的原因

1. 操作手操作失误

操作失误往往指同时打开两组卡瓦；设备互锁装置失灵同样会造成操作手操作失误。

第八章 带压作业应急响应计划

2. 管柱中和点计算错误

（1）井内液面深度掌握不准确，致使计算出的中和点深度与实际中和点深度差异过大。

（2）井内压力变化大，操作手未及时校核中和点深度位置，造成操作方式错误。

（3）操作手未进行中和点检测。

3. 管柱失稳折断造成落井或上窜

轻管柱状态操作过程中，环形防喷器端面与使用的一组游动卡瓦之间距离大于管柱无支撑长度，管柱发生失稳弯曲或折断，造成管柱落井或飞出。

4. 卡瓦机构钝化，钳牙打滑或开关不灵活

卡瓦牙、卡瓦座、卡瓦碗磨损严重，卡瓦牙槽被填满可能引起卡瓦打滑，卡瓦牙和管柱钢级不匹配等因素都有可能引起管柱上窜与落井。

二、管柱失稳的应急程序

1. 发出报警信号

操作手判断管柱出现无控制上窜或下落时，应立即按下声光报警装置，时间达到15s以上，警示参与带压施工的相关人员当前出现紧急状况，需立即进入应急响应状态。

2. 关闭相应卡瓦

主操作手迅速关闭相应卡瓦，判断卡瓦失效是否得到控制，情况紧急时可直接将所有卡瓦开关控制手柄推至关位。

3. 关闭所有可能的工作闸板防喷器

关闭工作闸板防喷器或关闭安全防喷器，使环空密封可靠。

4. 如油管落井，应立即关闭全封闸板防喷器

油管一旦掉落井内，环空压力失去控制手段，只有关闭全封闸板防喷器，如果井口配备了大通径平板阀，应增加一级压力控制屏障，关闭大通径平板阀。

5. 释放防喷器压力

释放安全防喷器以上压力，确保更换卡瓦时人员操作安全。

6. 装旋塞阀

抢装全通径旋塞阀、压力表等，上紧螺纹并关闭旋塞阀。

7. 应急集合点清点人员

在集合点主要清点人数、检查人员受伤情况，判断、讨论险情程度，确定应急措施。

三、管柱失稳预防措施

（1）操作手状态良好，严格执行操作规程；随时检测卡瓦互锁装置处于良好状态，定期进行功能测试。

（2）清楚井况，中和点深度计算准确，掌握提前100m进入中和点操作方式；井口压力发生变化，操作手及时调整中和点深度；考虑因井内液面深度变化造成管柱中和点位置发生变化。

（3）计算好各压力等级状态下管柱的无支撑长度，清楚设备举升过程不同高度时，不应超过管柱无支撑长度。

（4）班组人员加强卡瓦机构检查，及时清理卡瓦牙槽。

第六节 硫化氢泄漏

若硫化氢泄漏，作业人员存在中毒或死亡的危险，因此在含硫井作业，对作业人员的资质、作业装备、作业工艺措施都有较高要求，必须具备相应条件，才能进行含硫井带压作业。同时应制订完善的防硫化氢泄漏措施和泄漏后的应急处置程序，保障含硫井带压作业的安全。

一、硫化氢泄漏的原因

（1）使用检测或试压不合格的防喷器。

作业前，安全防喷器组、工作防喷器组未按要求进行低压试压和高压试压，或者稳压时间、压力降落不符合有关技术规定。

（2）防喷器组、油管内压力控制工具、平衡泄压阀及管线防硫等级不满足含硫井要求。

第八章　带压作业应急响应计划

防喷器组、油管内压力控制工具、平衡泄压阀及连接管线的含硫等级低于含硫井要求等级时，会造成设备提前损坏、失效，发生泄漏或设备断裂造成井喷。

（3）无防止硫化氢进入井筒的隔离措施。

为确保含硫化氢井作业安全，一般在管柱内、外采用氮气作为屏障，隔离有毒的硫化氢气体，作为一个缓冲区来抵消作业期间少量的硫化氢气体从工作防喷器内泄漏的风险，同时提供应急关井人员撤离的反应时间。

二、硫化氢泄漏的应急程序

1. 发出报警信号

操作手判断含硫气体从井内溢出，气体监测发出报警信号，应立即按下声光报警装置，时间达到15s以上，警示参与带压施工的相关人员当前出现紧急状况，需立即进入应急响应状态。

2. 佩戴合适的个人呼吸保护设备

每班作业前将分配的空呼保护器放置在专用位置，检查调试合适。

3. 采取紧急措施控制硫化氢泄漏点

（1）若环形防喷器泄漏，立即关闭下工作防喷器，关安全防喷器，泄压。
（2）若工作防喷器泄漏，立即关闭安全闸板防喷器，泄压。
（3）若油管内压力控制工具泄漏，立即抢装全通径旋塞阀并关闭。
（4）若防喷器侧门泄漏，立即关闭安全闸板防喷器，泄压。

若含硫井油管内压力控制工具失效，在抢装全通径旋塞阀无望的情况下，可按照规定程序关闭剪切闸板防喷器。

4. 撤离至紧急集合点

人员撤离时，应向上风方向撤离。

5. 清点现场人数

根据清点人数情况，决定是否采取紧急求援行动，搜寻失踪人员。

三、防止硫化氢泄漏的控制措施

1. 作业前风险评估

审查与讨论所有带压且有泄漏风险的井口组件和连接部分（配件、接头、

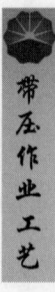

油管连接等)。

2. 召开岗前安全会议

现场所有人员一起召开岗前安全会议,并制定逃生路线及紧急集合点位置,明确应急救援措施及救援人员的职责,检查空气呼吸器,并对 H_2S 浓度进行检测。

3. 使用合格的防喷器

各防喷器及堵塞工具使用前进行检测、检验合格,现场安装后严格按设计要求试压。

4. 防喷器防硫等级满足要求

使用的防喷器组件和油管内压力控制工具的防硫等级必须高于施工井含硫等级,对设备性能严格把关,施工井含硫量应检测准确。

5. 采取隔离措施

若满足工艺要求,根据地层压力,可采用氮气等惰性气体将井筒内的含硫气体推入地层,让硫化氢气体不会因部分泄漏产生危害;也可植入碱性液体,中和部分含硫气体。

6. 试压合格

在作业前,所有承压设备必须使用低黏度的非易燃液体或氮气进行试压。低压试压必须稳压 5min,高压试压必须稳压 10min(试压至少达到 1.1 倍的最大井底压力或最大井口工作压力)。

7. 泄压装置满足规定

带压作业机泄压必须排放到分离器或燃烧池。与分离器连接时,必须安装止回阀,避免泄压后流体从容器回流到井口。

8. 采用双屏障油管内压力控制工具

油管堵塞应遵循双重屏障原则,两个堵塞器需很接近,防止出现单堵塞器存在的情况。

第九章　带压作业典型案例

安全经验分享是将总结和收集整理的各种安全工作方法、安全典型经验和生产安全事故事件教训推广、分享的一种实用有效的安全管理工具。其目的是让分享人认识到事故、事件的原因、危害和教训，从而提高全员安全意识和技能，防范事故的发生。安全经验分享的类型分为事故教训和安全做法分享两种。

带压作业是一项新工艺、新技术，相关规范、规程处于完善过程，前期的安全经验是一项宝贵财富。本章就是为了更好利用安全经验分享这个工具，将一些带压作业的典型案例分享出来，供大家参考，起到警示和借鉴作用。

案例一　高温高压井正循环冲砂作业

美国石油协会（SPE）2014年发表的SPE-169224-MS一文，介绍了Statoil ASA用辅助式带压作业机和除砂器在挪威北海钻井平台完成一口高温高压井的冲砂作业。该井为A-9 T2井，于2009年10月钻井完井，2010年2月完成探井转开发井，生产油管和生产衬管都是7in，井身结构如图9-1所示。该井为含凝析油气井，井深7180m，上部Brent层垂深约4000m，下部Statfjord层垂深约4250m，井底压力为80.5MPa，预计井口压力为67MPa，井底温度为160℃，是典型的高温高压井。该井因8.25in隔离阀失效，用钢丝带爬行器打开隔离阀不成功，于是油管穿孔。2010年3月8日通过油套环空旁通生产，但是产量快速下降。用连续油管钻磨隔离阀，打开了通道，但是产量仅有少许提高。进一步通径、取样分析发现产层射孔段以上600m被砂埋（虽然也不排除衬管被挤毁的可能）。

通过技术分析和之前的作业经验看，结合井底压力、作业深度、循环排量等因素，都超过了连续油管的作业能力，特别是作业深度和排量的限制，因此计划采用辅助式带压作业机来清洁井筒，钻磨、冲砂至7109m，然后电缆补孔。

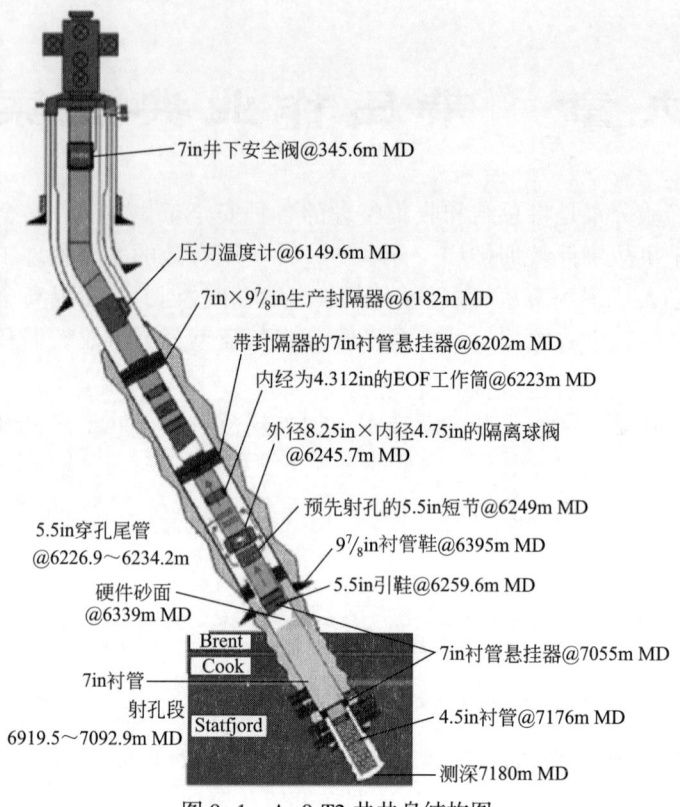

图 9-1 A-9 T2 井井身结构图

由于井深达 7180m，管柱负荷重、抗拉强度要求高，又要确保能通过 4.5in 衬管和井下工具的限制（如磨铣后的隔离阀），因此采用钢级为 P110 的 $3\frac{1}{2}$in 12.95lb/ft+$2\frac{7}{8}$ 8.7lb/ft 的复合油管管柱，扣型为 PH6 的气密封扣。

施工期间，井口工作防喷器组合和安全防喷器组合如图 9-2 所示，采用 1 个 21MPa 的自封头、2 个 35MPa 的环形防喷器以及 4 个 70MPa 的工作防喷器（每个外径的作业管柱都有相应尺寸的工作闸板），这样 7 个工作防喷器作为带压作业的一级屏障；由下至上安装了 15K 的剪切防喷器、15K 的平板阀以及 $3\frac{1}{2}$in、$2\frac{7}{8}$in 半封闸板以及全封/剪切闸板、变径闸板共 6 个安全防喷器作为井控二级屏障。下部安全防喷器组和高压节流部分试压至 105MPa，上部工作防喷器组及管汇试压至 70MPa，除砂器及前端管线试压至 35MPa。

冲砂返出流体从升高法兰处返排到 105MPa 节流管汇，节流后经过 35MPa 除砂器除砂分离，分天然气、砂子、气/凝析油三个出口，天然气就直接进入

第九章 带压作业典型案例

丛式井生产汇管，砂子需要进行再次除气分离，分离后的气体点火燃烧；临时的分离器用以分离气/凝析油，气体通过除气器分离和回收，避免直接注入废弃井。冲砂地面流程设置如图9-3所示。

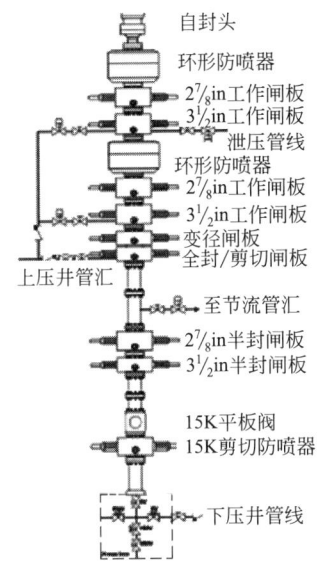

图9-2 井口工作防喷器和安全防喷器组合

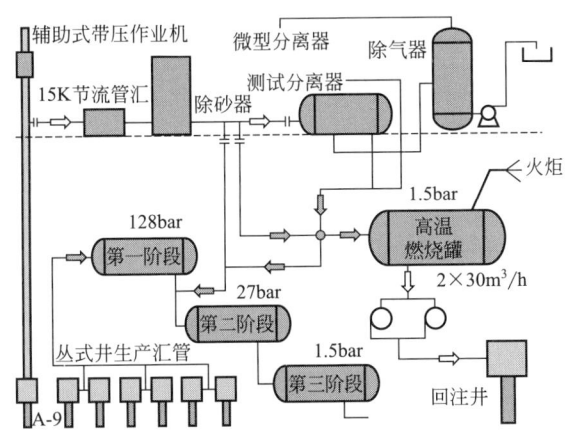

图9-3 冲砂地面流程设置

为降低井口施工压力，采用相对密度1.25的盐水作为冲砂介质，以减少井口防喷器组工作压力，利于用自封装置作为一级屏障动密封，相对密度为

2.05的压井液作为应急压井介质,全套系统设计有利于回收利用。泵入相对密度为1.25盐水后,由于压降部分成功,因此不能用自封装置(21MPa)起下,必须用环形密封(35MPa)起下,由于压力控制适当,一直没有采用RAM-TO-RAM起下。

冲砂第一段:较为容易地从6339m MD冲砂至7050m MD(4½in衬管顶部)(估计为小的"砂桥"),从除砂器内得到35kg砂和铁屑(前期磨铣产生的),从卧式分离器和除气器内发现部分碎屑物。

冲砂第二段:通过磨铣清洁到7in衬管射孔段后,井口压力没有明显变化,于是用相对密度为1.06的海水把相对密度为1.25的盐水替出。

冲砂第三段:在4½in衬管内磨铣、冲洗,捞出25kg碎屑,回收的材料主要是钢,预示衬管被挤毁,当冲洗到低于射孔段时压力也没有明显增加,最终冲砂至7109m MD。

冲砂第四段:经电缆多臂井径仪检查,4½in衬管被挤毁,证实了前面的分析,完成了本次冲砂作业。

案例二 国内高压气井带压冲砂、打捞、磨铣作业

某井井身结构如图9-4所示,该井5in套管下至井深3433.56m,人工井底3413m。先后共完成了四层试油工作,其中LXX-2(3324~3358m)试油结束后,用一个永久式桥塞坐封到3312m封闭LXX-2,然后上试LXX-2第二段3252~3262m,试油结束后下压裂桥塞坐封在3223m,但坐封后工具落井,鱼顶深度为3217m,又在3193m重新坐封一个压裂桥塞,上试XX4B(3099~3103m),然后填砂后上试XX4D(3050~3057m)。

该井XX4D试油结束后,打算清理井筒至LXX-2层以下(即3262m),重新完井。

为保护油气层,不影响原有产层正常生产,于是采用170K型带压作业机进行冲砂、钻桥塞、清理鱼顶、打捞、完井作业。

该井采用170K修井机辅助式带压作业机,冲砂、钻磨介质采用氮气正循环作业,钻桥塞、清理鱼顶采用井下马达和动力水龙头组合传递旋转扭矩,如图9-5所示,钻具采用2⅜in外加厚油管。井口安全防喷器组和工作防喷器组布置如图9-6所示。

第九章 带压作业典型案例

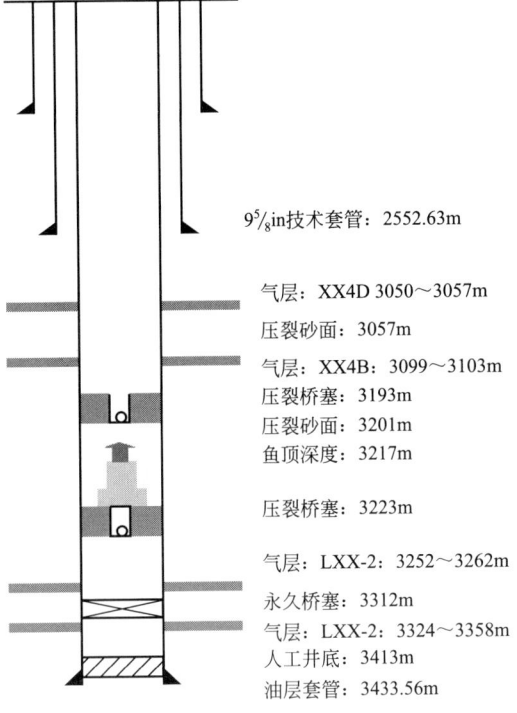

图 9-4　J62B 井井身结构图

图 9-5　J62B 井动力水龙头钻磨布置图

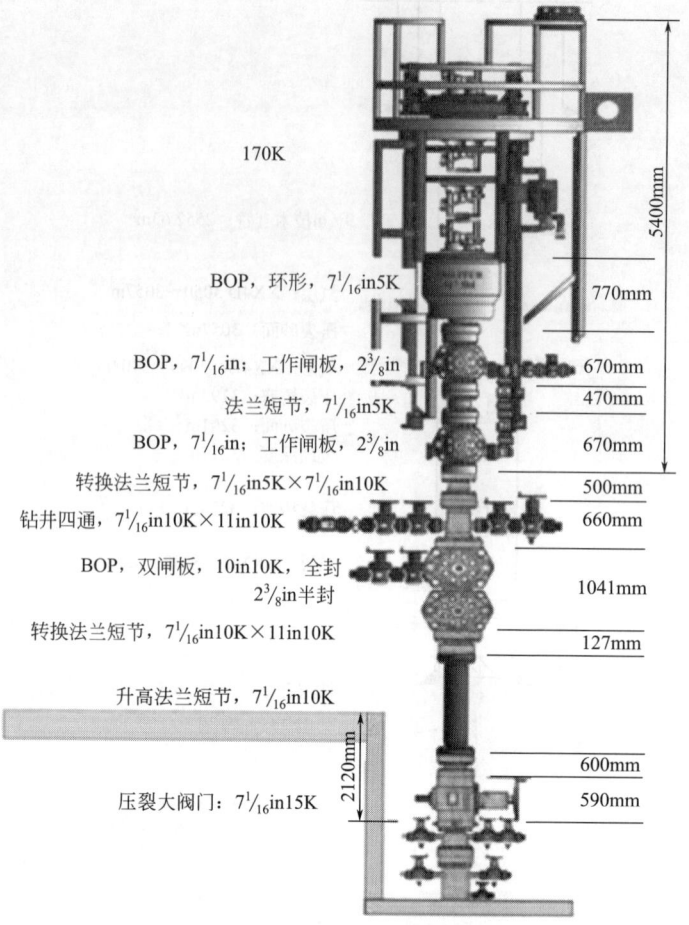

图 9-6 J62B 井井口防喷器布置图

案例三 高含硫化氢井带压作业实例

加拿大某构造，1974 年发现，1980 年投入生产，总共 19 口井，产量 $375 \times 10^4 \mathrm{m}^3/\mathrm{d}$。主要产层包括密西西比（Mt、Mp）和泥盆系（Dwa、Dn、Dr），Mt、Mp 硫化氢浓度达到 6%，Dwa、Dn、Dr 硫化氢浓度达到 22%~29%。大多数井是采用双管完井，73mm 油管开采泥盆系（Dwa、Dn、Dr）天然气，

127mm 油管开采密西西比（Mt、Mp）天然气，由于地层衰竭，打算起出 73mm 油管，然后两层合采，为了防止地层伤害，因此决定采用带压作业起出 73mm 油管。

总体作业程序如下：

（1）在 73mm 油管内坐封钢丝桥塞。

（2）用氮气对油管试压，以确保油管承压能力和强度满足要求。

（3）回收钢丝桥塞，用 2 倍以上油管内容积的氮气置换管内含硫化氢天然气，然后坐封一个单流阀式堵塞器。

（4）安装安全防喷器组和工作防喷器组，并试压合格。

（5）在 73mm 油管和 127mm 油管间环空用 2 倍以上容积的氮气置换环空内含硫化氢的天然气。

（6）下入一个带旋塞阀的联顶节和油管悬挂器连接，从封隔器密封总成或从封隔器丢手接头处提出管柱。

（7）然后坐封第二个单流阀式堵塞器，提供第二级屏障。

（8）带压起出 73mm 油管。

（9）底部管柱组合（堵塞器、丢手工具、密封总成等）通过工作防喷器倒换起出，期间所有相关作业人员都必须带上防毒面具。

（10）重新下入 127mm 油管堵塞器，并试压合格。

（11）拆除带压作业机和防喷器组，恢复采气井口。

（12）回收堵塞器，恢复生产。

一、22 井（高含硫气井）起出 73mm 油管作业

这是作业第一口井，该井仅投产 3 年，作业最简单，预计油管腐蚀程度小，作业风险也就可能小。完井管柱包括在 73mm 油管锚定密封总成上安装的一个"连接—丢手"工具，如图 9-7 所示。

作业程序如下：

（1）试压后，置换油管内天然气，然后安装设备。

（2）用 24000daN 上提力，使锚定密封总成从封隔器密封孔丢手，但是没成功。

（3）于是在工作筒上重新坐封一个 TKX 单流阀（堵塞器），油管成功地从"连接—丢手"工具丢手，于是起出了油管。

（4）效果为使产量增加到 $11.0 \times 10^4 m^3/d$。

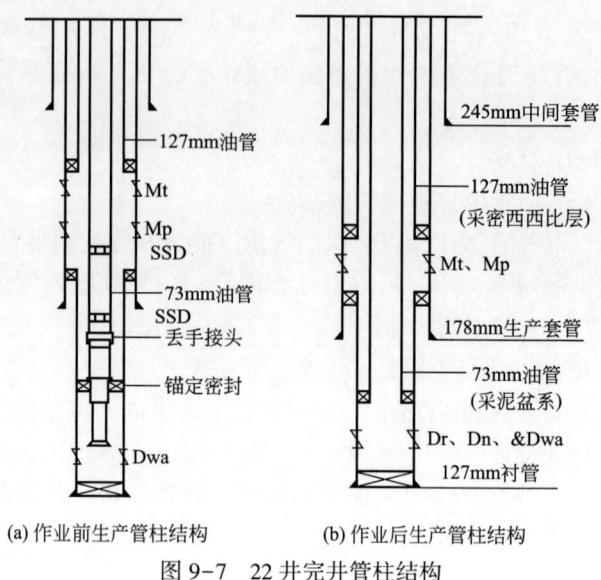

(a) 作业前生产管柱结构　　　(b) 作业后生产管柱结构

图 9-7　22 井完井管柱结构

二、2 井（高含硫气井）起出 73mm 油管作业

该井生产时间长达 9 年，73mm 油管管柱设计时没有"连接—丢手"工具，最重要的是该井有一个偏心接头被意外下入井内，使得无法下入堵塞工具，如图 9-8 所示。

作业程序如下：

（1）作业第一步是用 38.1mm 连续油管带 59.6mm 磨鞋+52.4mm 井下马达磨掉偏心接头。

（2）用了多个螺杆马达、磨鞋磨铣了几天进展甚微，但是成本急剧增加且大量的流体漏失到 Dev 地层，因此不得不采用备用方案。

（3）于是采用化学切割，在 127mm 油管内把 73mm 油管在 2820m 切断；这个位置作为下部打捞用，防止大量流体漏失。

（4）用 N_2 置换井内气体，下入两个永久式桥塞，起出 73mm 油管。

（5）效果为使产量增加到 $9.5 \times 10^4 m^3/d$。

三、12 井（高含硫气井）起出 73mm 油管作业

该井面临巨大的挑战，因为它复杂的生产井下情况阻碍了不压井作业，

第九章　带压作业典型案例

如图 9-9 所示。

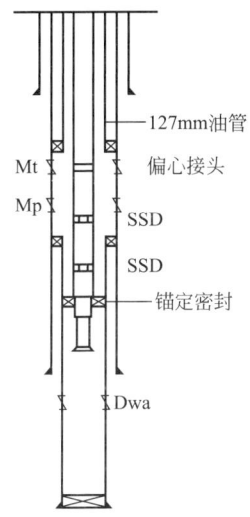
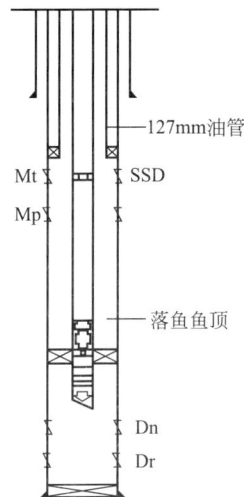

图 9-8　2 井完井管柱结构　　　图 9-9　12 井完井管柱结构

作业程序如下：

（1）设法降低元素 S 在 Dev 地层沉积的影响，73mm 油管采用的是内衬油管，井下也没有"连接—丢手"工具。

（2）开始短暂的生产不久，就有几个电缆作业工具掉落到油管底部，在内衬油管内打捞也不成功，反而还掉落一些到井下。油管被堵死，产量损失较大。

（3）Mis 地层生产了几年，而 Dev 地层还处于原始状态。

（4）用电缆坐封桥塞坐在落鱼以上，油管试压合格。

（5）在桥塞以上油管接头处打孔，因此可以进行 N_2 置换，两个电缆坐封桥塞坐在开孔点以上。

（6）在 Mis 和 Dev 地层大压差下，非常幸运地把锚定密封从封隔器内提了出来。

（7）一旦油管、锚定密封、带电缆工具的尾管起出井口，就用臂长为 50m 的 150t 吊车分两次把余下的 82m 油管起出井口。

（8）作业期间，所有人员，包括吊车司机都必须佩戴防毒面具以防发生危险，并注入一倍井筒容积的清水以降低作业风险。

（9）油管吊出安全位置，然后用带压钻孔方式拆开。

(10) 效果为使产量增加到 $11.95\times10^4\mathrm{m}^3/\mathrm{d}$。

案例四　带压取油管头内防磨套

一、事件经过

××页岩气井 2014 年 08 月 31 日开钻，2014 年 12 月 29 日完钻，完钻井深（垂深/斜深）为 2790.96m/4605.00m。A 点斜深为 2805.00m，B 点斜深为 4605.00m，水平段长 1800.00m。油管头四通上安装两只通径 180mm 大闸阀，采用分簇射孔、易钻桥塞封隔分段套管压裂改造储层，连续油管钻除桥塞然后排液投产，采用套管采气生产。2016 年 2 月，井筒积液影响气井正常生产，决定采用带压作业工艺下入油管柱作为生产管柱采气。

二、作业情况

1. 下完管柱无法坐挂

2016 年 2 月 29 日，带压作业下 φ60.3mm 油管柱至井深 2810.36m，连接油管挂准备坐挂。确认油管挂坐挂放入后，缓慢下放并准确丈量下放距离，发现油管挂提前遇阻，遇阻加压 30kN，反复多次操作油管挂均无法坐挂。

综合以上情况，判断油管头四通内安装有防磨套；维持加压负荷为 30kN，缓慢开启平衡泄压阀，不能泄去防喷器组内压力；油管挂提离油管头四通后，旋进油管挂顶丝检查，与未安装防磨套或油管挂相比，旋进深度明显不足，而且顶丝旋进深度基本一致。

2. 起出管柱空井取防磨套

防磨套及防磨套取送工具如图 9-10 所示，取送工具为凸耳式，凸耳式取送工具一般在空井条件下取出防磨套。井内有管柱时，该类取送工具取出防磨套容易造成防磨套及取送工具损伤变形而导致井下情况复杂。因此，决定起出油管柱，空井状态取出防磨套。

起出全部油管柱，关闭井口大闸阀，打开平衡泄压管线泄掉防喷器组内压力，然后按如下程序成功取出防磨套：

第九章 带压作业典型案例

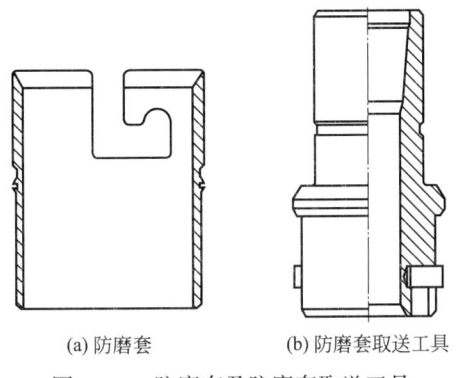

(a) 防磨套　　　(b) 防磨套取送工具

图 9-10　防磨套及防磨套取送工具

（1）连接防磨套取送工具，在送入钻杆上标注取送工具接触及抓牢防磨套的碰鱼方入和打捞方入。

（2）打开防喷器组，将防磨套取送工具下放至大闸阀之上。

（3）关闭移动防顶卡瓦、移动承重卡瓦、固定防顶卡瓦，关闭环形防喷器，打开套管阀门使防喷器腔体压力与井口压力相等。

（4）打开大闸阀，下放取送工具至防磨套上部，加压 5kN。

（5）缓慢正转，悬重下降时继续下放钻具约 80mm（防磨套顶端距 J 形槽下端距离），继续正转直至受阻，然后缓慢上提打捞确认抓牢防磨套。

（6）退出全部顶丝，上提防磨套至大闸阀之上，关闭大闸阀，泄掉上部压力。

（7）打开环形防喷器，起出防磨套。

3. 重新下入生产管柱

空井取出防磨套后，恢复转盘位置并将其锁定，然后重新下入生产管柱，顺利坐挂。坐挂后拆除井口大闸阀，安装采气井口装置，顺利开启井下堵塞器，恢复气井生产。

三、经验及教训

（1）钻井完井作业结束后未取出防磨套，带压作业下管柱无法坐油管挂。

（2）清楚油管头四通和油管挂结构，判断准确、操作精细，避免了防磨套损坏变形导致的复杂情况。

（3）建立油管头四通档案，掌握不同厂家油管头四通结构、油管挂坐挂位置、油管挂顶丝旋进尺寸等数据，对带压作业坐挂操作有重要作用。

（4）为防止防磨套及取送工具损坏，可以采用弹爪式取送工具，如图9-11所示，将其连接在管柱上，下放上提管柱即可取出防磨套。这样可以免去重新起下全部管柱，节约时间。

图9-11　油管头防磨套与弹爪式取送工具

案例五　钻井口附近水泥塞，顶弯钻具

一、基本情况

××井位于四川盆地××构造，1984年完钻，完钻井深3183.58m，ϕ177.8mm套管射孔完井。完井后分别对D_3、D_{13}、D_1层试油，均未获工业油气，不具备生产价值，注水泥塞封闭上述试油层。

1988年上试L层，酸化后排液仅见少量原油及微量天然气，试油结论为干层。起出全部试油管柱，向井筒灌清水12.3m^3，液面井深2175m；用油管送胶木塞至井深19.0m，灌注密度为1.85g/cm^3的水泥浆0.48m^3封闭井筒，

第九章 带压作业典型案例

然后安装CQ350简易井口装置完井。

2016年决定钻开井口水泥塞永久性封闭该井。因为水泥塞在井口，水泥塞下面很可能存在圈闭压力，为防止上顶力，决定采用带压作业钻开水泥塞，划眼至井底，再注水泥永久性封闭产层和井筒。

二、事故发生经过

2016年9月29日开始钻塞，采用螺杆钻具清水钻进，关闭环形防喷器封闭环空，关闭移动防顶卡瓦防止钻具上顶。钻具组合为φ148mm四刀翼尖钻头0.23m+330mm×231mm变扣接头0.23m+φ95mm螺杆钻具4.35m+210mm×231mm变扣接头0.25m+φ105mm回压阀0.29m+φ73mm钻杆。钻塞参数：排量为9L/s，泵压为3~5MPa，钻压为10~15kN。9月29日探得水泥塞面在套管头顶部法兰以下1.1m，井深5.73m，钻水泥塞至6.53m，进尺0.8m。

10月30日14：03，继续钻塞钻至井深18.13m，泵压突然上升至10MPa，上提管柱0.5m，泵压不降。起钻检查，挂卡明显，起出钻头发现钻头被钢丝缠绕。

10月31日重新下入钻塞管柱，在水泥塞面之上先开泵循环，泵压3MPa，套管出口阀门全开。9：51循环下钻至14.33m，泵压上升至10MPa，上提钻柱0.1m泵压不降；停泵上提钻具约0.1m，此时钻杆突然上顶并被顶弯。操作手发现钻杆从移动承重卡瓦外侧被顶弯形成圆环状，如图9-12(a)所示，同时听见操作台面下发出"嗤嗤"声音，操作手立即停止上提，操作人员迅速撤离至安全区域，人员未受到伤害。

三、事故处理过程

事故发生后立即组织人员观察套管出液口、井口及操作台。发现套管出液口无液气返出，井口也无液气外溢；钻杆在操作平台与固定承重卡瓦之间，多次弯曲被扭在一起，但已经静止不动。分析认为圈闭压力已释放，井内已恢复平衡，决定上操作台检查。

检查发现，钻塞管柱以钻头位置计算共上顶10.4m，螺杆钻具上端已被顶出环形防喷器，钻头位于安全防喷器内；钻杆在固定承重卡瓦之上2.4m并被折断；螺杆钻具依靠环形防喷器胶芯摩擦力悬挂在井口；环形防喷器与固定承重卡瓦之间，钻杆本体完好未弯曲；固定承重卡瓦至操作平台下端钻杆多次严重弯曲,如图9-12(b)所示;固定承重卡瓦三块卡瓦牙被顶出,一个牙座滑槽受损,一块卡瓦牙掉落并卡在固定防顶卡瓦内腔,固定防顶卡瓦无法正常关闭。

(a) 移动承重卡瓦外侧钻杆弯曲情况　　　　(b) 移动承重卡瓦下部钻杆弯曲情况

图 9-12　钻杆弯曲状态

综合分析判断井下及井口安全可控,主要依据如下:根据原始资料,原水泥塞封闭的试油层为干层;套管阀门全开,出口无液气,圈闭压力已经释放,钻具不再承受上顶力;井内为螺杆钻具组合,且安装有回压阀,环形防喷器也能封闭环空,井口处于有效控制状态。因此,决定维持套管阀门全开,处理弯曲钻杆起出钻具。

处理过程如下:

(1) 调高环形防喷器关闭压力以增大胶芯摩擦力,并在螺杆钻具上端安装安全卡瓦,以防止其落井。

(2) 拆除移动卡瓦组,清理固定卡瓦上部损坏的钻杆。

(3) 取出掉落并卡在固定防顶卡瓦的卡瓦牙,关闭固定防顶卡瓦。

(4) 拆除安全卡瓦,将其安装在螺杆钻具上部的残余钻杆上。

(5) 用绞车通过安全卡瓦上提钻塞管柱,打开固定防顶卡瓦和环形防喷器,将钻塞管柱全部起出,关闭安全防喷器全封闸板,完成事故处理。

检查检修带压设备后,继续下入钻具钻塞,主要采取将举升移动卡瓦调低行程的方法。

四、认识及教训

(1) 水泥塞下部圈闭压力瞬间释放,所形成的上顶力将钻具顶弯然后顶断，突增了井控风险和钻具落井风险。

（2）风险辨识不到位，防顶措施不力，主要体现在如下几个方面：钻具组合不当，$\phi 73 \text{mm}$ 钻杆刚度和强度不足；钻塞时敞开套管阀门，套管阀门至环形防喷器之间无液体，也就无法施加平衡压力；液缸行程过大，无支撑长度长，也未采取其他防弯措施。

（3）带压钻进作业，圈闭压力突然释放可能造成井控险情及钻具事故，作业前应充分评估风险，采取有效防顶措施，例如，增加钻具重量、刚度及强度；控制足够的套管压力以平衡圈闭压力；减小钻头的活塞面积；尽量缩短无支撑长度；采取防弯措施，如安装导管或扶正装置等。

案例六　水合物引起的人身伤害事故

一、事件经过

加拿大某井，带压作业队连接平衡管线与套管阀门时，套管阀门处于全关位，泄压、拆出下游管线，在拆除时，操作手发现有水合物在套管阀门内，喷甲醇来消除堵塞但是没成功。然后操作手用钢钎打碎堵塞物，这时主管走近井口，当套管阀门内水合物拆除时，井口高压流体迅速喷出，操作手和员工逃离到安全集合点，清点人数发现主管不在，主管仍躺在套管阀门区附近的吊车支架处，员工冲进去救出主管，关闭了生产翼套管阀门。

二、原因分析

（1）冬季低温在套管侧流体易形成水合物。

（2）生产套管阀门仅6圈就关到位，没有重开或重关来证实是否正确到位。

（3）当发现水合物时没有给主管报告。

（4）在发现水合物时没有暂停作业进行风险分析。

（5）没有用正确的工具或技术来消除水合物。

三、经验及预防措施

（1）高度重视管柱或阀门内的堵塞和水合物，应联想到有圈闭压力的危害。

（2）对于平板阀，应测试开关到位的圈数，以证实是否关闭到位。

（3）只要有水合物堵塞都应假设有圈闭压力。

（4）发生超出正常作业范围的情况下都应停止，报告情况。

（5）详细的安全风险分析总是能消除危害。

案例七　油管内有压力恢复复杂情况

一、事件经过

2004年11月6日，电缆作业打算在XN工作筒上坐封可回收桥塞，坐封后，桥塞叉子坐在工作筒内，由于油管内有砂子，密封不成功，取出叉子，坐永久式桥塞到底部，到达井底之前坐挂在500m和1000m处，残余压力释放到测试器，通过流向检测可以看到，当天起了8根油管就结束了。

7日，套管压力15.8MPa，油管压力3MPa，油管压力释放到大气（通过流向检测可以看到），操作手继续起管柱至第16根，操作手注意到气体从油管内排出，马上停止作业，告知主管桥塞可能泄漏，关井监测15~20min，油管内压力涨到0.2MPa，释放压力继续起钻，继续起了两个接头，发现了损坏的螺纹，继续起完132号接头后，释放压力被识别，员工成功地完成了第三次关井。

二、经验及预防措施

（1）详细的工作安全分析是作业单位的职责。

（2）现场主管必须确保安全会和风险评估被执行、记录，与现场所有人员进行了讨论；作业时现场人员都应参与到现场应急响应计划中。

第九章 带压作业典型案例

（3）带压作业只能白天进行。

（4）必须有一条泄压管线，可以连接到罐、点火池。

（5）堵塞器坐封后必须有防滑装置，如果堵塞失败应采用永久式桥塞。

（6）有任何残余压力必须进行流动测试，压力释放后第二次测试最小时间为30min，如果压力恢复仍然存在就必须中止作业。

案例八　液缸泄压阀失效导致油管断落

一、事件经过

采用带压作业机起油管。主操手设置两个液缸释放压力，以致液缸的举升力低于管子的抗拉强度，然后开始按标准程序起油管，当起出接近200m（19个接头）时，操作手发现井筒压力突然释放，操作手使控制面板处于安全状态，两个辅操手在工作篮异常紧张，操作手和现场主管通过安全半封闸板（BOP）控制住了井口，初步检查发现坐在移动承重卡瓦的油管靠近加厚的部分被拉断，如图9-13所示。

图9-13　加厚部位拉断的油管

二、原因分析

（1）高压井作业只能通过逐级倒换通过油管接箍，期间操作手必须人工每 3m 计数液缸行程，以确保没有接箍不知不觉中拉进关闭的工作闸板。调查结论是操作手误数了液缸冲程使得油管接箍拉进 QRC 闸板，这时液缸拉力使得油管拉断。液缸泄压阀的设计是在油管达到最大抗拉强度（该井是 31.9t）前应释放液压力，压力设置在 28.5t 泄压，通过测试证明由于液缸的冲量和液压系统的不足使得释放压力超过设计值（上升到 35t）。

（2）事故说明：液缸泄压阀独立设计不足以保持操作手精确设置的压力。

三、经验及预防措施

（1）所有提供带压作业公司应强烈鼓励他们测试设备是否存在风险。

（2）如果风险存在，应联系带压作业设备生产商，风险控制要依靠设计和设备配置以及补充防范措施。

（3）液缸压力释放应设置到油管抗拉强度的 80% 以内，如果要超出需要得到带压作业公司管理层的批准。

案例九　沟通不畅引起的人身伤害事故

一、事件经过

所有人员均参加了早晨安全会（包括井队人员、不压井作业人员、测试人员、液氮作业人员以及井场所有主管），讨论了工作程序和职责。钻机和带压作业队吊起、安装带压防喷器组，带压作业主操手和辅操手爬进工作篮，关闭栏杆。主操手通知司钻检查游车，司钻就上提游车约 4m，然后用链条锁住刹把。主操手要司钻用捞砂绳吊起液压钳，司钻就去捞砂滚筒处启动捞砂滚筒，捞砂绳靠近液压钳后，主操手和辅操手就挂住液压接头准备提升，司钻合捞砂滚筒离合器。地面上带压作业主管认为游车不够高，要求钻机经理提升游车，钻机经理靠近司钻房就挂合主滚筒提升游车，司钻没有听到主管对钻机经理的要求，结果两个滚筒同时启动，大钳快速上升，把靠近大钳的辅操手挂出工作篮，从 4m 高处掉落到地面，如图 9-14 所示。

图 9-14　游车拉翻的工作篮

二、原因分析

钻机操作人员和带压作业机操作人员沟通不畅。

三、经验及预防措施

（1）司钻是唯一操作钻机的人。
（2）改进设备，使主滚筒和捞砂滚筒不能同时启动。

案例十　沟通不畅导致气体释放着火

一、事件经过

2004 年 11 月 6 日，用带压作业环形防喷器起 60.3mm EUE 油管，关井压力为 10MPa。在"重管柱"状态下用作业机辅助起出 25 根管柱（双管），管柱排放在井架上。从 24~25 柱时环形防喷器开始有些泄漏，为防止泄漏，主操手调高环形防喷器压力，这个正确的行动没有完全成功，为更好密封，在第 26 根管柱时，主操手关闭工作闸板防喷器以便更好地通过开关来调整环形防喷器，作业机司钻不知道工作闸板已经关闭开始提升绞车，油管接箍不能通过关闭的闸板，司钻继续起升油管导致上部接头拉断，油管落井，气体直接从环形防喷器喷出发生井喷，高速气体立即产生火花燃烧，火焰超过天车 15~20m，井架工通过 Geronimo 系统逃生未成功，带压作业人员从钻台逃离到地面。事故中，司钻通过关闭主控阀控制住井口。事故造成两人受伤，井架工当场死亡。

二、原因分析

（1）钻机辅助作业时，钻机与带压作业机人员必须沟通顺畅。

（2）没有安装全封闸板。

三、经验及预防措施

（1）联合作业时应明确带压操作手为作业最高指挥人员。

（2）对生产商和服务公司的建议：①两个公司配合作业时，开发一个能清晰沟通配合的桥接程序；②采用本质安全沟通技术以弥补现场视觉障碍和大气噪声；③两个操作手要采用"确认重复"的沟通方法；④关键操作人员采用手势确认；⑤开发闸板开关位置可视化技术；⑥采用"防提装置"。

（3）开发一种"失效后起安全功能"的装置，当气体通过 BOP 喷出后能自动关闭；如提供操作手手动关闭的全封闸板。

（4）开发新的作业钻机逃生系统代替 Geronimo 系统，辅助作业时不用井架工。

（5）开发新的带压作业机逃生系统，使作业人员能容易逃生。

参 考 文 献

[1] Johannes Brähler. SPE-169224-MS, and Anders Groth Helland, SPE, Statoil ASA. First sand clean out of a HPHT well on the Norwegain continental Shelf using rig assisted snubbing and sand cyclones, 2014.

[2] Mike R Konopczynski, Mike R Milligan, Shell Canada Ltd. Snubbing workover operations in deep sour gas wells a success Oil & Gas Journal, 1996, 94 (7): 35-40.